零基础轻松学手绘系列丛书

手绘指南：建筑设计快速表现与技法（微视频版）

陈立飞　编著

本书以编者十余年的手绘设计教学方法与实践结果为基础，总结出了一套非常适合手绘零基础读者学习的特殊训练法。在编写上，汇集了建筑设计手绘的优秀案例，分步骤详解，同时配套了相应的视频教学资源辅助学习，使设计手绘的方法更直观、易学。

本书结构清晰，内容紧凑，由浅入深，图文并茂，内容从基础到进阶循序渐进，符合学习规律，涉及线条、马克笔、配景、建筑单体、建筑空间及古建筑手绘等范例，能够使初学者触类旁通，举一反三。

本书可作为高等院校、高职高专院校相关专业学生的手绘启蒙书和相关专业的授课教材，同时也可以作为装饰公司、房地产公司以及建筑设计行业从业人员与手绘爱好者的自学参考书。

图书在版编目（CIP）数据

手绘指南：建筑设计快速表现与技法：微视频版 / 陈立飞编著 . — 北京：机械工业出版社，2019.9（2023.8 重印）
（零基础轻松学手绘系列丛书）
ISBN 978-7-111-62707-4

Ⅰ . ①手…　Ⅱ . ①陈…　Ⅲ . ①建筑设计—绘画技法　Ⅳ . ① TU204.11

中国版本图书馆 CIP 数据核字（2019）第 087224 号

机械工业出版社（北京市百万庄大街 22 号　邮政编码 100037）
策划编辑：时　颂　责任编辑：时　颂
责任校对：王明欣　封面设计：张　静
责任印制：孙　炜
北京联兴盛业印刷股份有限公司印刷
2023 年 8 月第 1 版第 2 次印刷
210mm × 285mm · 12.5 印张 · 360 千字
标准书号：ISBN 978-7-111-62707-4
定价：79.00 元

电话服务　　　　　　　　　网络服务
客服电话：010-88361066　机　工　官　网：www.cmpbook.com
　　　　　010-88379833　机　工　官　博：weibo.com/cmp1952
　　　　　010-68326294　金　　书　　网：www.golden-book.com
封面无防伪标均为盗版　机工教育服务网：www.cmpedu.com

前 言
PREFACE

本书以我十余年的手绘设计教学方法与实践结果为基础，总结出了一套非常适合手绘零基础读者学习的特殊训练法。在编写上，根据手绘表现对象的尺度和绘制难度的大小安排内容，分为入门篇、基础篇、提高篇、进阶篇和欣赏篇，循序渐进，符合学习规律。本书结构清晰，内容紧凑，汇集了大量建筑设计手绘的优秀案例，并分步骤详解，图文并茂，涉及线条基础、透视原理、马克笔上色规律等基础知识，着重讲解了建筑配景、建筑单体、建筑空间及古建筑手绘的方法与技巧，同时讲授关于照片写生、改绘及建筑空间多色调对比的特色训练法，希望可以让读者在短时间内快速掌握技巧，触类旁通，少走弯路。为了使读者的学习更直观、易学，本书配套了相应的教学过程高清视频资源（书中“ ”处），总时长近 700 分钟，读者可结合学习。希望通过这些努力，使读者不再畏惧甚至排斥手绘。

作为教师，我深知针对性教学对提高教学成效有着至关重要的作用，同时也希望向更多读者传授经验方法，助其成长。在手绘表现中，需要从更深的维度，如形状、形态、质感、节奏、构图和光影等方面去思考对象，一个有意义的创作过程比绘制结果更重要，所以本书不是简单的范例展示，而是详细分解了手绘的步骤，结合局部放大图，为读者指出构图、运笔、上色等手绘的关键点，真正成为每位读者的“手绘指南”。

本书可作为高等院校、高职高专院校建筑设计、环艺设计、景观设计、室内设计及相关专业学生的手绘启蒙书和专业教材，同时也可以作为建筑设计及相关行业从业人员与手绘爱好者的自学参考书。

本书历经一年的时间编写，在编写过程中，遇到时间上的冲突以及创作的问题，都要一一去克服，同时我要感谢机械工业出版社的时颂编辑为我提供这次宝贵的机会；感谢李磊老师、史志方老师提供的手绘作品以及支持；感谢中国手绘艺术研究院院长卢立保先生传授我宝贵的经验；感谢零角度手绘黄德凤先生、陈锐雄先生的鼓励，正因为大家的支持，我才得以坚持下去！

本书在收录和编写过程中得到零角度手绘师生们的大力支持和帮助，在此表示衷心的感谢。由于编者的水平有限，本书难免存在一些不足之处，敬请读者给予批评指正。

陈立飞

目录 | CONTENTS

Introduction of Architectural Hand Painting

第1章　建筑手绘入门篇

1.1　建筑手绘工具及材料

古人云：“工欲善其事，必先利其器”。手绘表现图中所需要的工具很简单，也是常见的绘图工具，携带方便。绘画材料本身仿佛就在诱惑你，促使你全力以赴，使你每次作画都会充满激情与信心。当然好的工具本身就有它独特的功能，因此选择好的绘图工具更让你如虎添翼。

1.1.1　纸张

主要有 A3 或者 A4 复印纸、普通纸、普通卡纸、水彩纸、硫酸纸、描图纸、报纸等。当然，外出写生的话，一本质地精良、方便易携的速写本也是必不可少的。

1.1.2　笔（图 1-1）

（1）美工笔：美工笔是常用的表现工具，在选择美工笔的时候，一定要画长线和画圆圈，如果不卡纸、不刮纸、不断水，说明这个笔出水比较流畅。而美工笔的另外一个优点就是：在转动笔尖时，它可以做到粗细变化的线条，线条优美而富有张力，一般在快速设计表现和写生的时候经常用到。

（2）走珠笔：线条自由奔放，属于一次性笔，粗细根据自己的选择而定，可以选择白雪牌的走珠笔。

（3）针管笔：通常选择针管笔，型号可以选择 0.2，三菱或者樱花的牌子相对比较好。

（4）自动铅笔：这个只要选择可以换笔芯的即可。

（5）马克笔：作为初学者，不能选择太差的马克笔，因为差的马克笔笔头比较毛躁、色彩会有偏差，这样只会让自己的信心被打击。可以选择性价比中等的马克笔——法卡勒；如果基础比较好、经济比较宽裕的，可以选择 AD、三福、My color2 这几个牌子的。

（6）色粉笔：色粉笔常用于制造画面的气氛，特别是在处理天空的时候常用。

（7）彩色铅笔：可以选择辉柏嘉 48 色的水溶性彩色铅笔。

（8）涂改液：用于后期处理画面的亮部和高光，可以选择日本樱花牌的涂改液。

美工笔

走珠笔

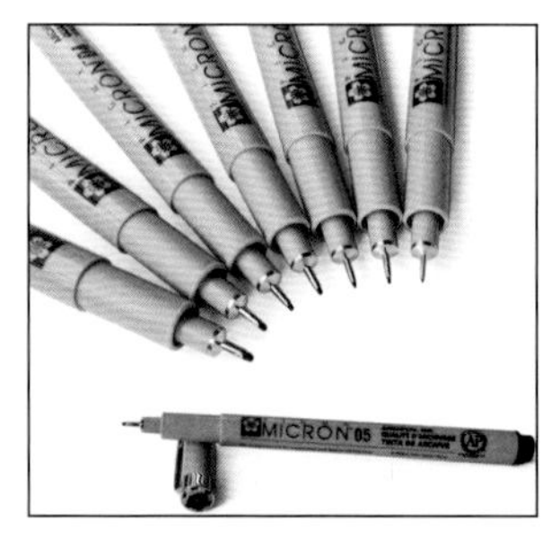

针管笔

自动铅笔

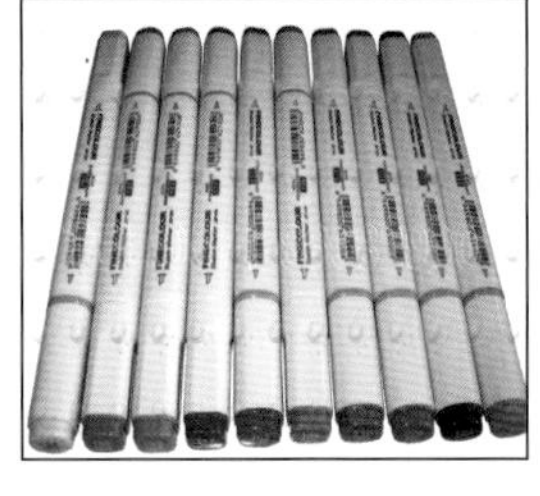

马克笔

色粉笔

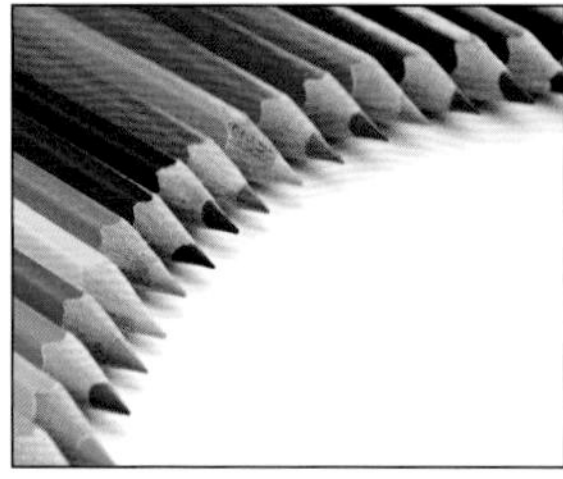

彩色铅笔

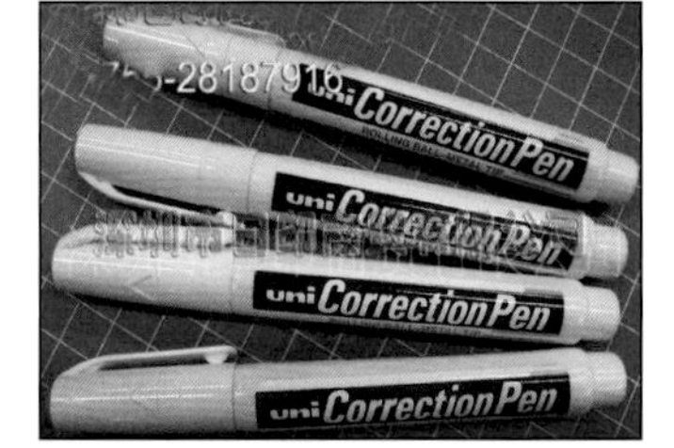

涂改液

图 1-1　笔类工具

1.1.3　其他

主要有工具箱（用于收纳上述画材）、椅子、相机（便于构图和收集素材）。（图 1-2）

工具箱

椅子

相机

图 1-2　其他辅助工具

1.2　建筑手绘线条

手绘不仅仅是一种表达的手段，它更是引导设计师进一步思维的推动媒介。线条是手绘表现的基本语言，任何设计草图都是由线条和光影组成。

1.2.1　直线

直线中的“直”并不是要像尺规画出来的线条那样，只要视觉上感觉相对直就可以了。直线要比较刚劲有力，常用在横的方向和斜的方向。画的时候要注意起笔与收笔画线的基本动作要领，再加上动作的快慢、轻重变化，线条会显得刚劲有力、流畅之感。

1. 如何有效地练习线条

首先，练习线条并不是一朝一夕就可以练得出来的，它是一个坚持的过程，而且并不是说花一整天去练习。它需要一个度和一个积累，保持每天坚持两张线条图，那你就可以成为一个线条高手。练习线条不会受任何的限制，譬如，你在打电话的时候，可以边画边聊天，一举两得。或者说在看电影的时候，一支笔一张报纸就可以随时随地地画线条了，可以根据剧情来调节线条的速度与长短。有些同学在问，为什么我画的直线总是弯的呢？其实道理很简单，原因就是你的坐姿、执笔和运笔都有问题。

图 1-3　坐姿方式

（1）坐有坐相，坐姿要挺起胸膛，不要整个身体都趴在桌子上，画板要倾斜 45°，便于画线的时候身体更加灵活，看图更加舒服，画板便于旋转。（图 1-3）

（2）执笔的方法与画素描不一样，和写字的执笔方法也不一样。很多人喜欢把手紧贴笔尖附近或执笔离笔尖太远，这些都是画不好线条的小动作。根据笔者多年的教学经验总结：画横线时，笔尖与横线要保持垂直方向；画竖线时，笔尖的方向也是垂直的；在画每个角度和方向的线条时，手都要转动，不能一成不变。（图 1-4）

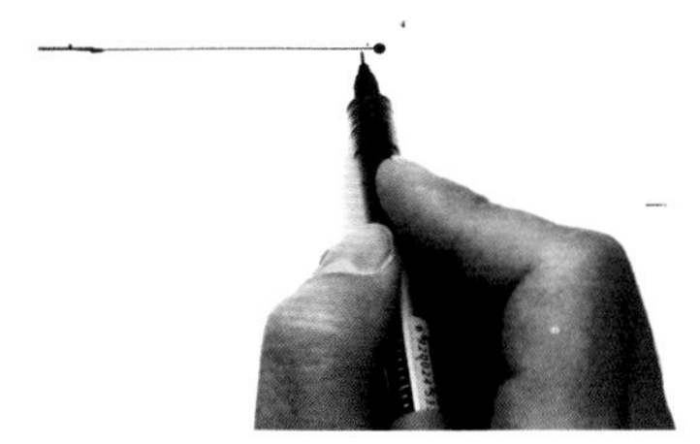
画横线的握笔方法

画竖线的握笔方法

图 1-4　握笔方法

（3）画直线时总是歪或弯的重要原因是没有充分利用好手的各个部位。手指、手腕、手臂发挥的功能都不一样：运动手指画出来的线条是短直线；运动手腕画出来的线条是中等的线条；手指、手腕不运动画出来的线条是直线。所以希望读者要观察自己在运笔的时候手的运动情况，再加以调整。（图 1-5）

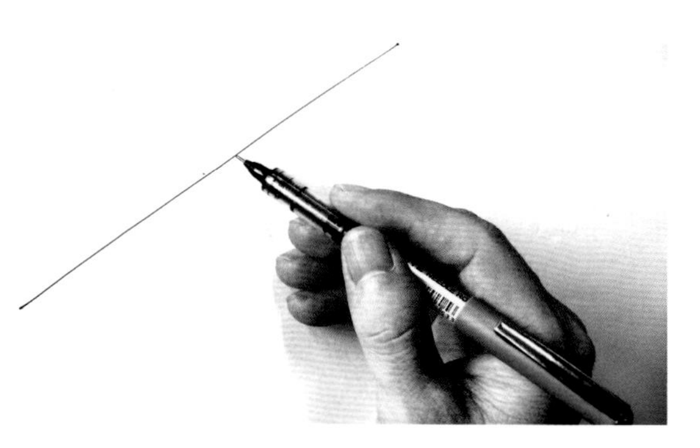

图 1-5 运笔方法

2. 手绘线条的特点

专业性的手绘线条有如下的特点（图 1-6、图 1-7）：

（1）起笔、运笔、收笔（两头重，中间轻）。

（2）稳重、自信、力透纸背（入木三分）。

（3）求直，整体上直。

（4）手臂带动手腕运笔。

（5）线面与视线尽量保持垂直。

（6）线与线之间的距离尽量相等。

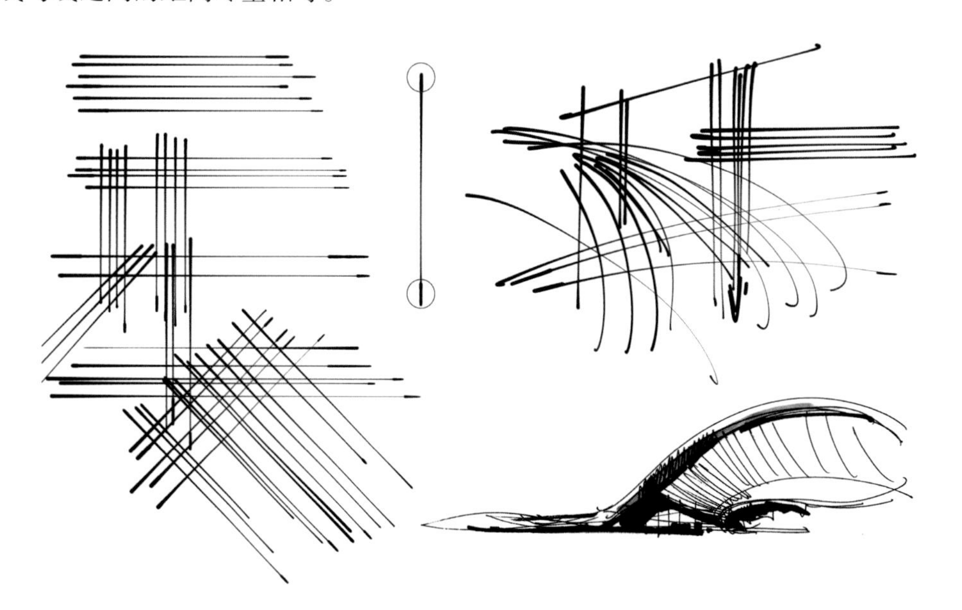

图 1-6 “两头重，中间轻”训练

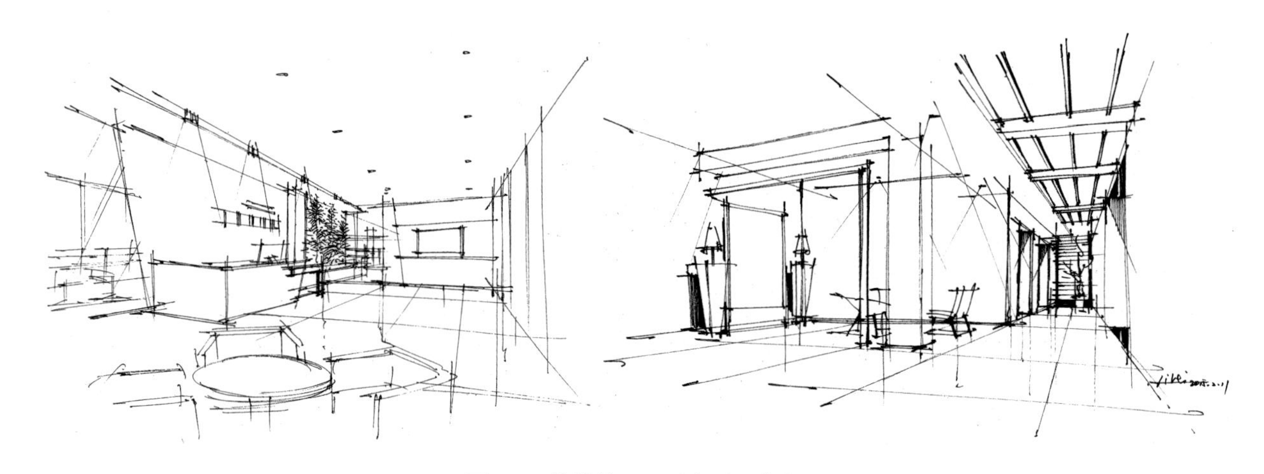

图 1-7 笔触的运用（李磊 作）

3. 线条典型的错误范例（图 1-8）

（1）线条有一头带勾，造成画面不美观。

（2）画面出现不宜出现反复描绘的线条，显得很毛躁。

（3）长线条中可以适当出现短线条，但不宜完全用其完成，这样显得线条很碎。

（4）线条交叉处不出头，不够美观。

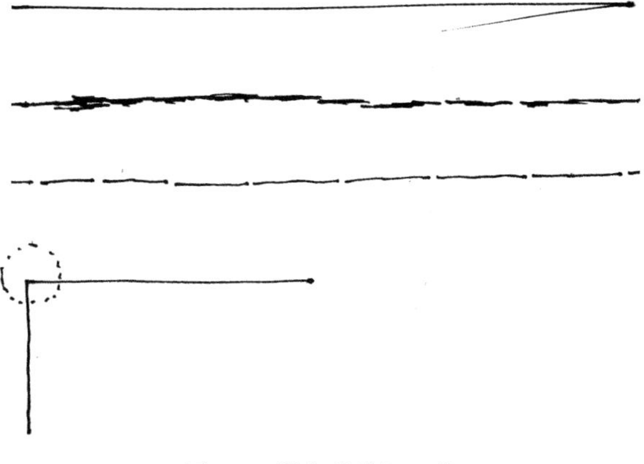

图 1-8　线条的错误示范

4. 如何有趣地练习线条

根据经验，如果在一张纸上机械地排满线条，会略显枯燥，可以通过一些图形式、空间式等的练习，更有趣地练习直线。

范例一：线条的渐变式练习，有效地练习对线条间距的控制。（图 1-9）。

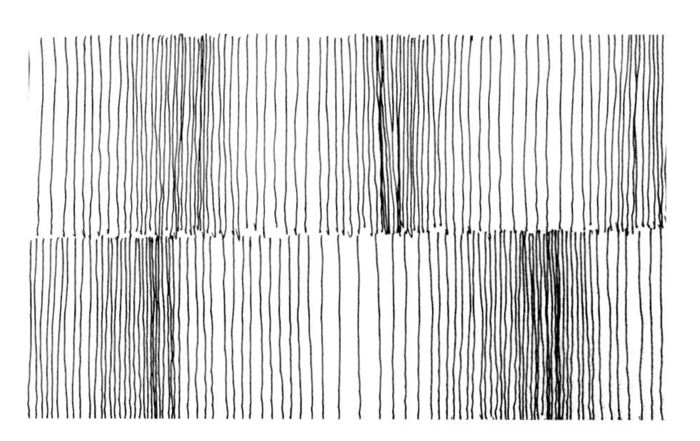

图 1-9　渐变式训练

范例二：线条的席纹式练习，这样横与竖交叉着练习，是一种对手腕控制力的训练。（图 1-10）。

图 1-10　席纹式训练

范例三：线条的图案式练习，可以找一些自己喜欢的花瓣图案、人物或者动物的图案，进行练习。（图 1-11）

图 1-11　图案式训练

范例四：定点连线的练习，让初学者能够朝着目标连线，这样的线条在空间中也是用得最多的一种。（图 1-12）

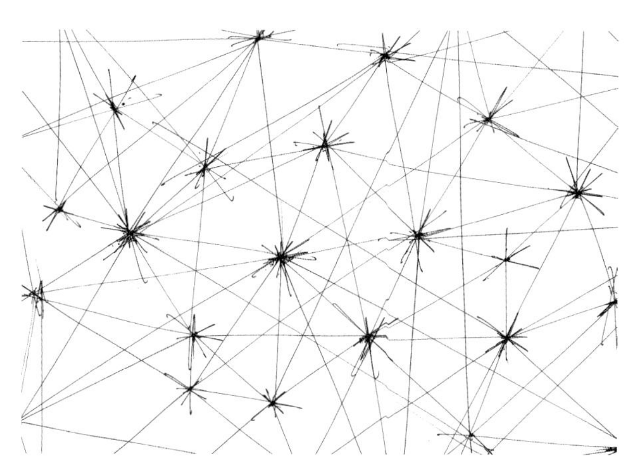

图 1-12　定点连线训练

范例五：线条的空间推移练习，这种线条通过前后重叠的关系，推移出空间感。（图 1-13）

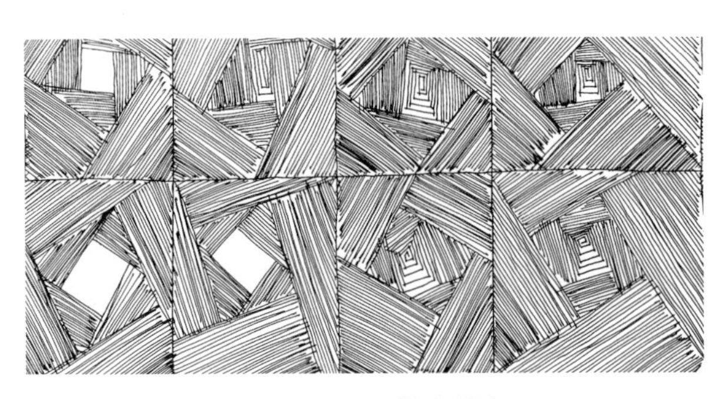

图 1-13　空间推移训练

范例六：线条的双线式练习，这样是为了增强画者对线条间距的判断能力，练习的时候尽量使双线的间距能够相等。（图 1-14）

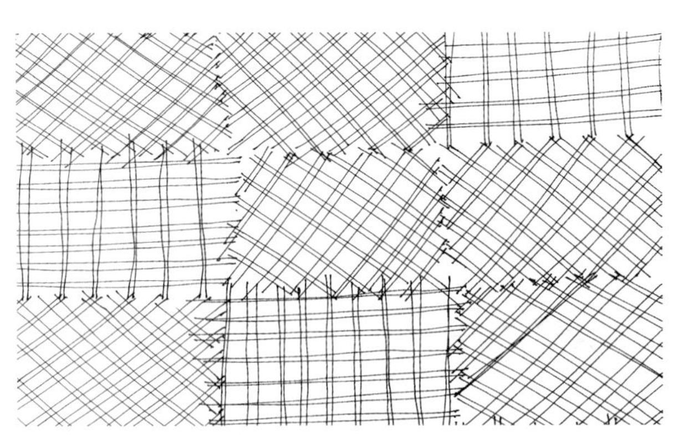

图 1-14　双线式练习

1.2.2　抖线

抖线好处在于容易控制线的走向和停留位置，比如用快速的直线去画一条长的线，容易把握不好线的走向和长度，导致线斜、出头太多等情况，而抖线给人感觉自由、休闲，力强一些，在走线时有时间思考线的走向和停留位置。（图 1-15）

图 1-15　抖线的运用（陈立飞　作）

（1）大抖：行笔 2s 时间，加上手振动。抖浪较大，一般 100mm 长的线，抖动而成的波浪形线的波浪数在 8 个左右为好，量小，浪长，注意流畅、自然。（图 1-16）

（2）中抖：行笔 3s 时间，加上手抖。抖浪较小，一段 100mm 长的线，抖动而成的波浪形线的波浪数在 11 个左右为好，浪中小，注意流畅、自然。（图 1-17）

（3）小抖：行笔 4s 时间，加上手振动。抖浪较小，一段 100mm 长的线，抖动而成的波浪形线的波浪数在 25 个左右为好，浪较小，注意流畅、自然。（图 1-18）

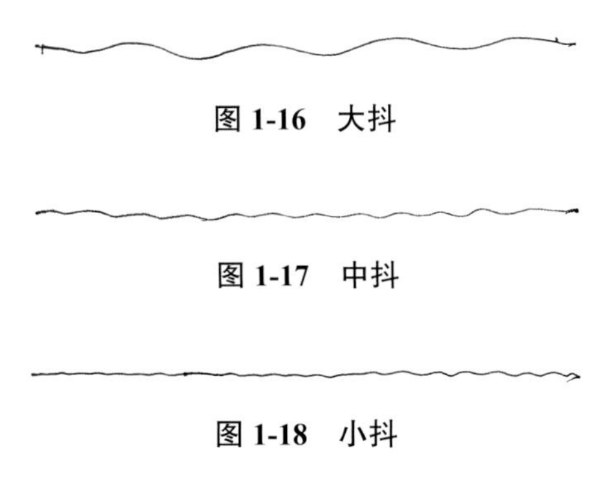

图 1-16　大抖

图 1-17　中抖

图 1-18　小抖

1.2.3　曲线

在画曲线时，尽量用手臂腾空来回旋转再下笔，不是随便乱画，心中要有“谱”。可以说，在下笔前，意已经先到了，这点和书法类似。（图 1-19）

在你的脑子里一定要知道什么地方起笔，什么地方转折，什么地方停顿。刚开始的时候会不顺，这很正常，所以才需要练习。画得多了，收放自如就可以做到了！（图 1-20）

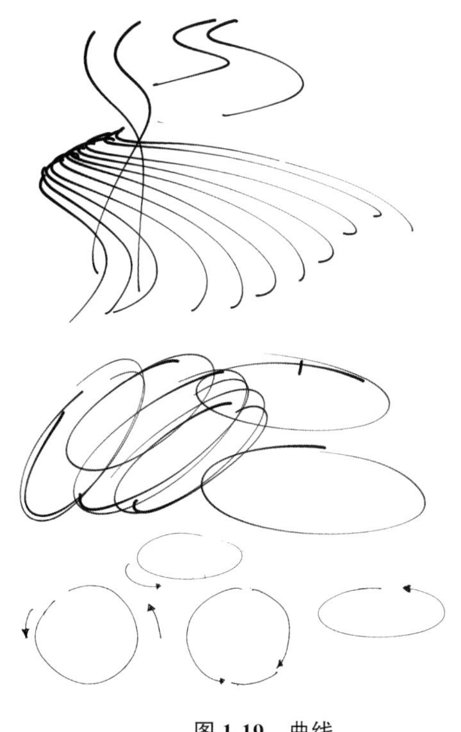

图 1-19　曲线

图 1-20　曲线运用（罗佩　作）

1.2.4　植物线

在画植物线的时候尽量采取手指与手腕相结合摆动的方式。植物的线条有很多的表现手法，以下介绍常用的 4 种画法。

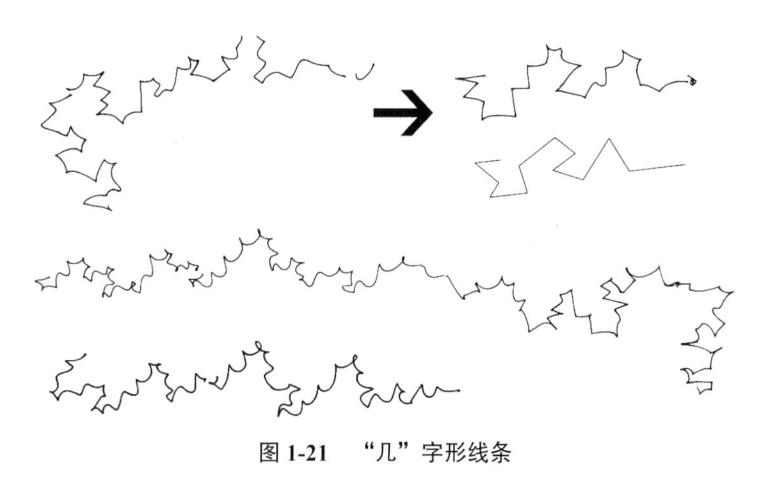

图 1-21　“几”字形线条

（1）“几”字形的线条运笔相对会比较硬朗，常用在前景收边树。（图 1-21）

（2）“针叶形”的线条运笔要按照树叶的线条进行排列，注意它的连贯性和疏密性，常用在前景收边树。（图 1-22）

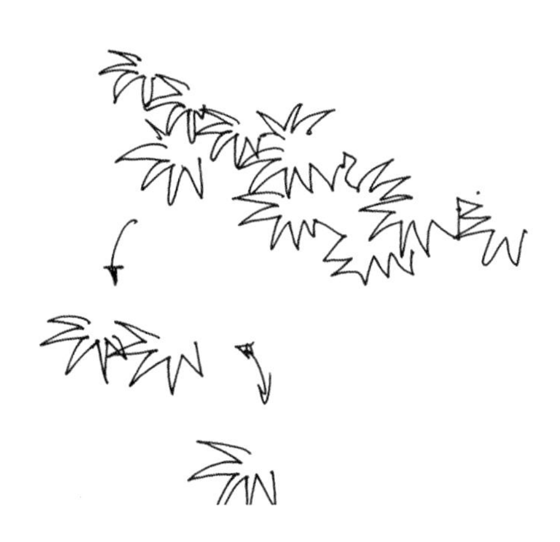

图 1-22　“针叶形”线条

（3）“U”字形的线条运笔比较轻松，常用在远景植物。（图 1-23）

（4）“m”字形的线条运笔比较概念，常用在平面的树群。（图 1-24）

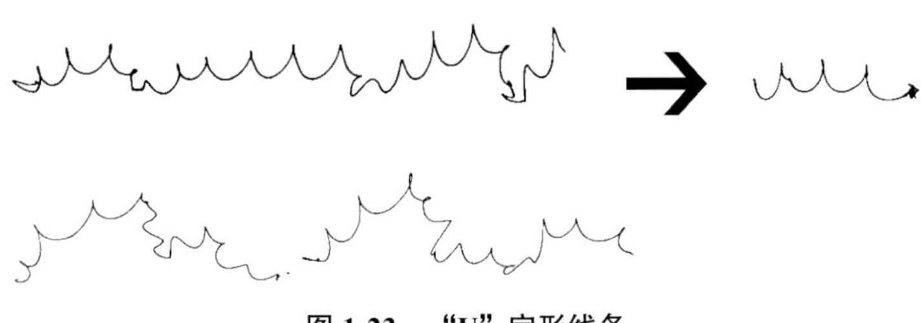

图 1-23 “U”字形线条

图 1-24 “m”字形线条

1.3 建筑手绘透视知识和技巧

透视有两个关键点：视平线、消失点。牢记透视口诀：近大远小、近长远短、近密远疏、近明远暗、近实远虚。

视平线是透视的专业术语之一，标识为 HL，就是与画者眼睛平行的水平线。视平线决定被画物体的透视斜度，被画物体高于视平线时，透视线向下斜；被画物体低于视平线时，透视线向上斜。不同高低的视平线，产生不同的效果。视平线对画面起着一定的支配作用。视平线的高低，反映了画者看景物的高低，在平视中，视点离地面越高，视平线就越高，反之就越低。视平线位置的不同，物体在透视空间中的关系截然不同。在透视中，视平线也称为水平面的灭线，有两方面含义：其一是指，当景物在视平线下方时，景物的顶面可见；当在视平线上方时，景物底面同样可见，而顶面却不能看见。其二是指，离视平线越近，景物越小，说明景物离观者越远；当景物离视平线越远，景物越大，离观者就近。

在室外透视图中，通常以一般人的眼睛到地面的高度，来作为视高（视平线），大约为 1.5~1.7m，这样的透视图比较具有真实感。如果对象为平房，观察者站立的视高容易形成视平线水平等分建筑，从而导致透视轮廓呆板，因此需要升高或降低视平线。（图 1-25）

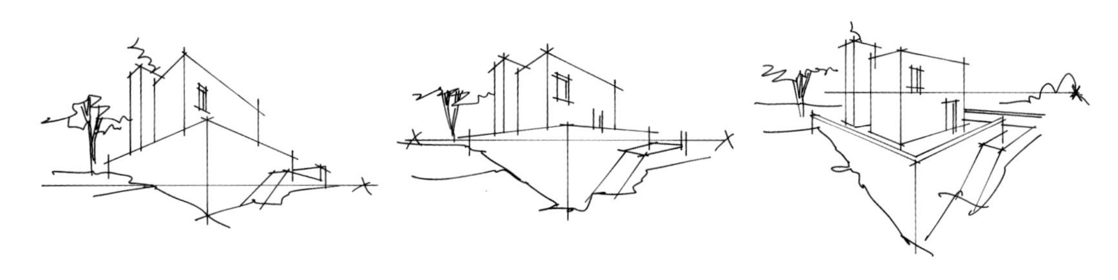

图 1-25 视平线位置（陈立飞 作）

1.3.1 一点透视

一点透视又称平行透视，顾名思义是只有一个消失点（又称灭点）的透视图。透视是一种物理的现象，是生活中最常见的一种透视图。

一点透视可以理解为立方体放在一个水平面上，前方的面（正面）的四边分别与画纸四边平行时，上部朝纵深的平直线与眼睛的高度一致，消失成为一点，而正面则为正方形。一点透视有整齐、平展、稳定、庄严的感觉。

一点透视因视平线的高低变化，会产生各种不同的效果，基本上可以分为三种可能：平视图、俯视图、仰视图。（图 1-26、图 1-27）

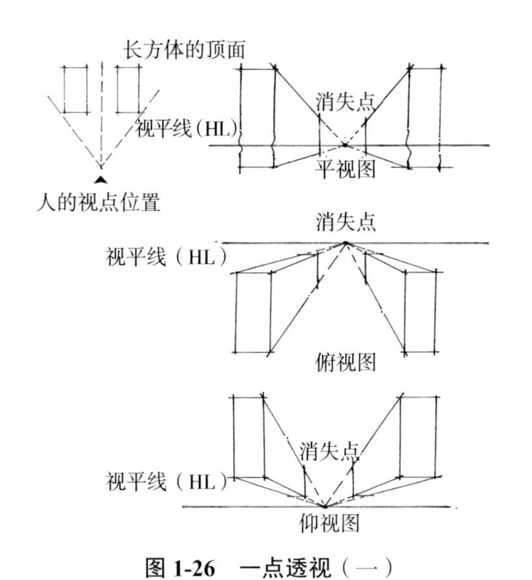

图 1-26　一点透视（一）

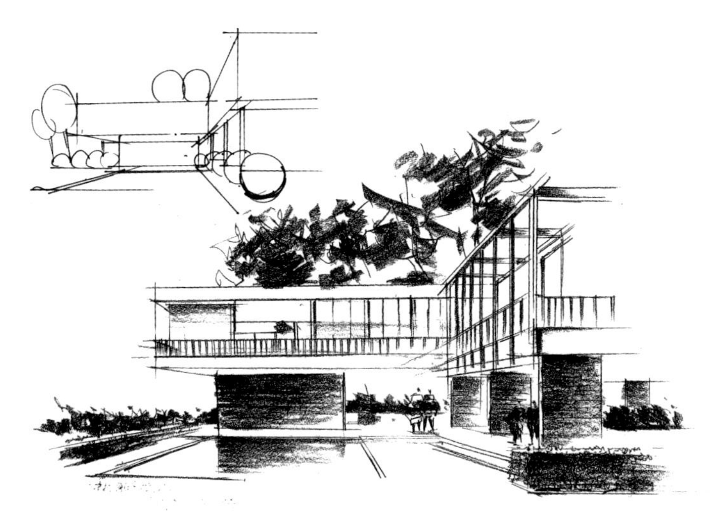

图 1-27　一点透视（二）（陈立飞　作）

1.3.2　两点透视

两点透视（又称成角透视），就是一个图中有两个消失点。对比一点透视来分析，两点透视更加灵活生动，画面更加丰富。

两点透视就是把立方体的四个面相对于画面倾斜成一定角度时，往纵深平行的直线产生了两个消失点。在这种情况下，与上下两个水平面相垂直的平行线也产生了长度的缩小，但是不带有消失点。

两点透视因视平线的高低变化，会造成各种效果，基本上可以分为三种可能：平视图、俯视图、仰视图。（图 1-28、图 1-29）

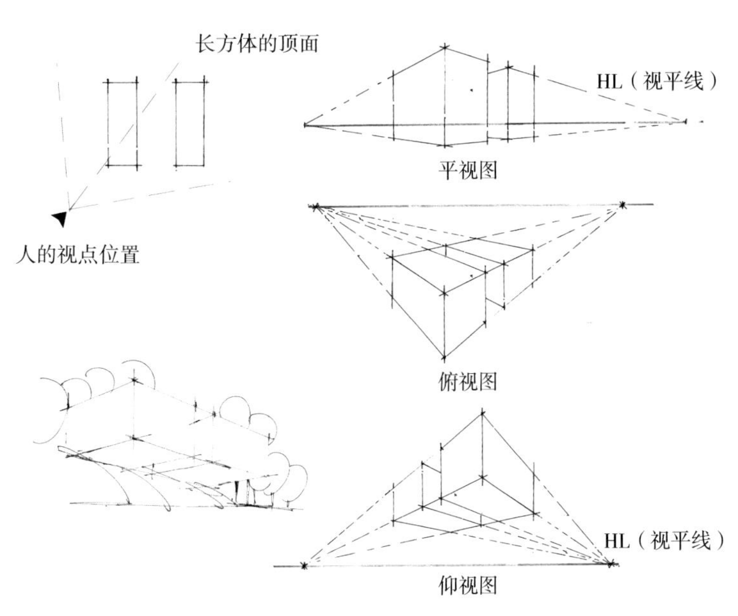

图 1-28　两点透视（一）

1.3.3　三点透视

三点透视用于超高层建筑、俯瞰图或仰视图，当立方体相对于画面其面及棱线都不平行时，面的边线可以延伸为三个消失点，用俯视或仰视去看立方体就会形成三点透视。第三个消失点，必须和画面保持垂直的主视线，使其和视角的二等分线保持一致。（图 1-30、图 1-31）

（1）近大远小的规律，即同样大小的物体，根据它们离观察者的远近程度而逐渐由小变大。

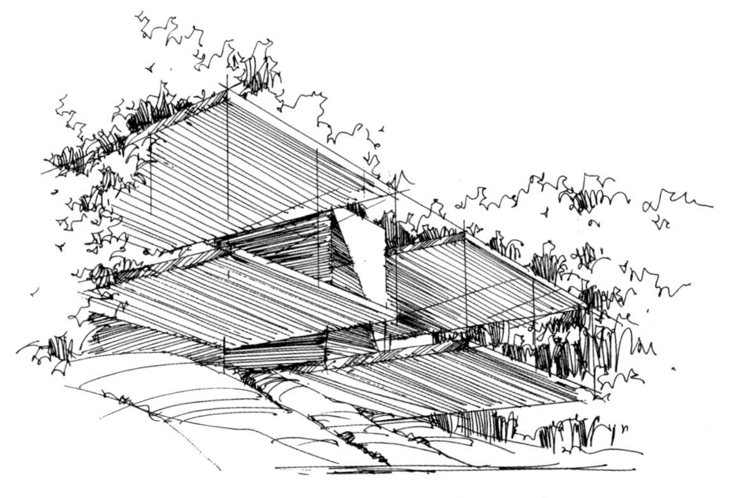

图 1-29　两点透视（二）（陈立飞　作）

（2）远处延伸的平行线消失于一点，相互平行的水平线，消失点都在地平线（即视平线）上。

（3）地平线以上的物体越近越高，越远越低，地平线以下的物体越近越低，越远越高。

（4）人眼睛视围的可见度于 60° 以内最为自然，超过这个角度看的物体就会变形。

（5）一般情况下，透视图多为两点透视，在画鸟瞰图或高大建筑物时才用三点透视。

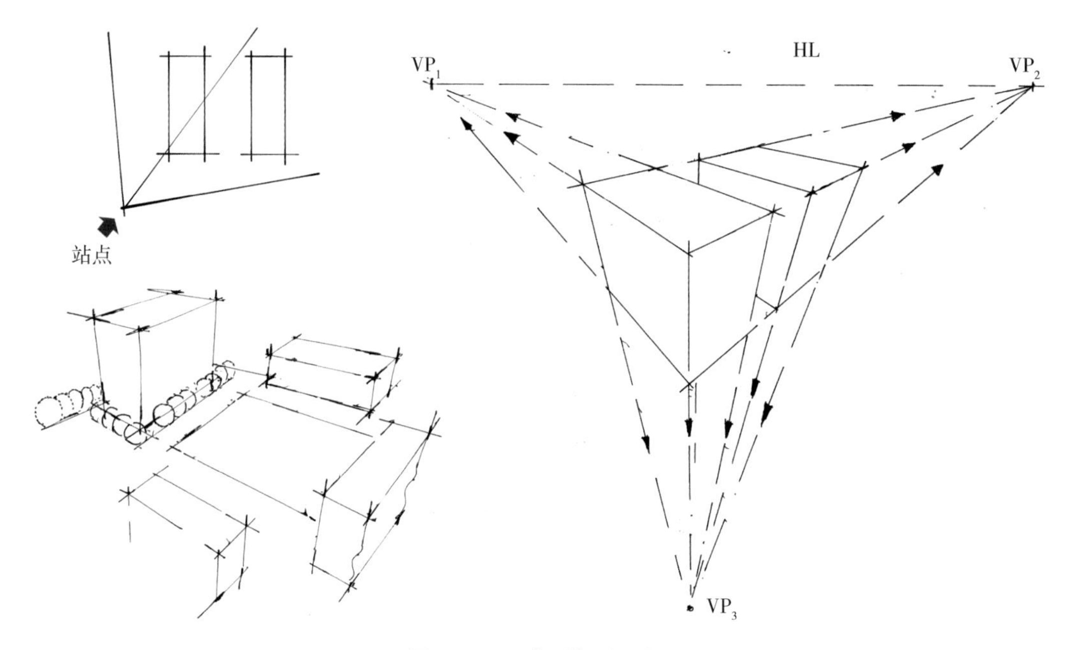

图 1-30　三点透视（一）

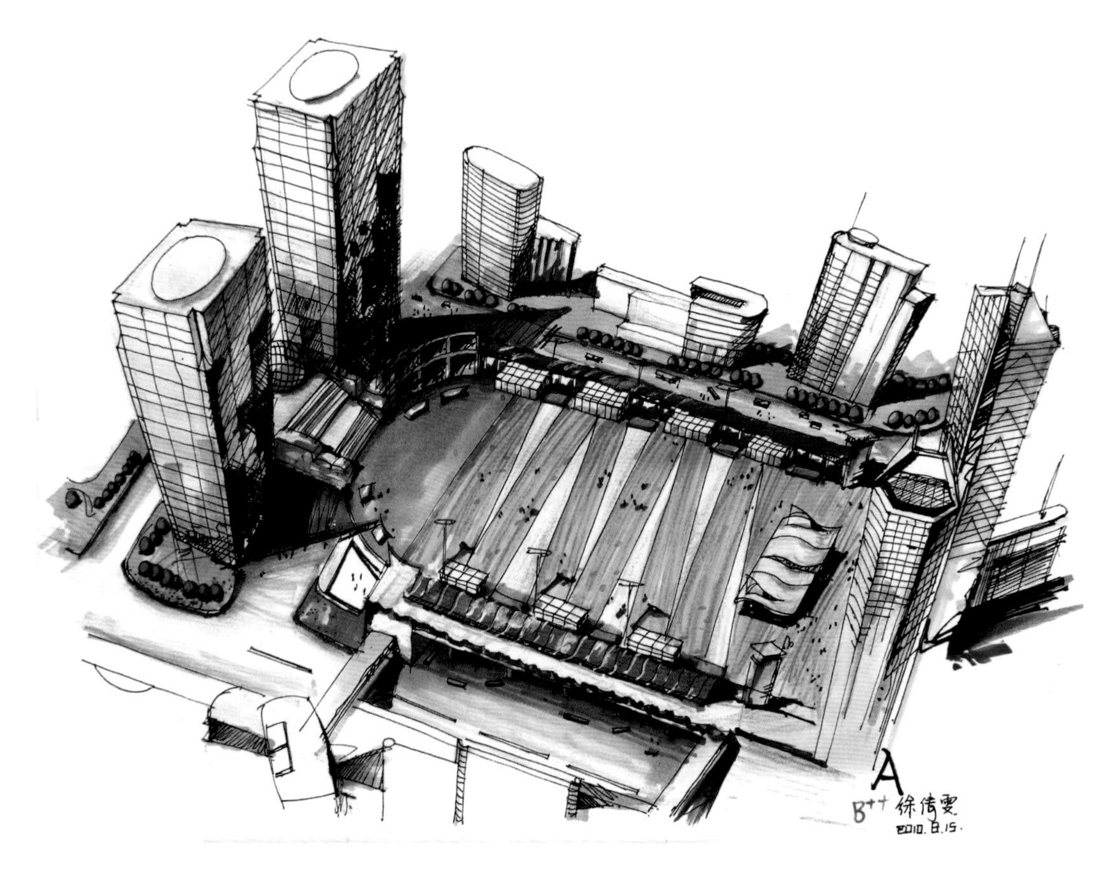

图 1-31　三点透视（二）（徐倩雯　作）

Foundation to Architectural Hand Painting

第 2 章　建筑手绘基础篇

2.1 马克笔基础知识讲解

马克笔的品牌很多，颜色非常丰富，每个牌子都有各自的特点。在建筑手绘表现中，常用的是灰色系。（图 2-1）

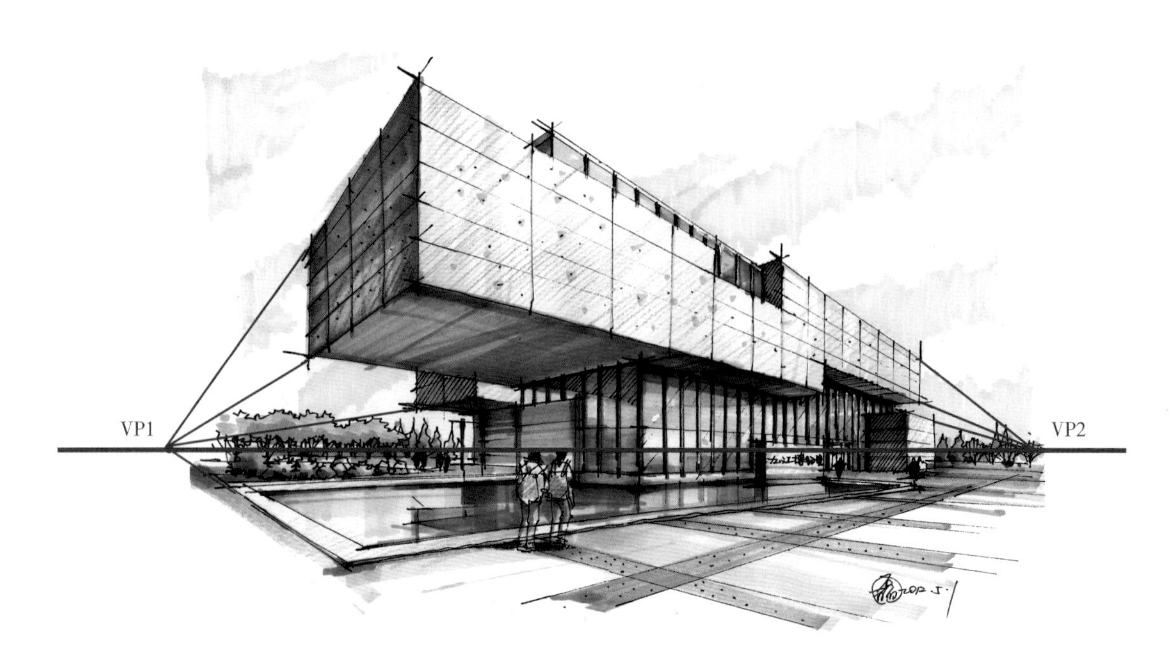

图 2-1 马克笔范例一（史志方 作）

马克笔着纸后会快速变干，两色之间难以融合，因此不宜多次叠加。另外，马克笔笔头较小，不宜大面积着色，排笔时需要按照各个块面结构有序地排笔，否则就会容易画错。（图 2-2）

图 2-2 马克笔范例二（李磊 作）

2.1.1 马克笔大小笔触的控制

使用马克笔前，我们要认识马克笔的笔头。一个笔头通过握笔与压笔，可以画出不一样大小的笔触。

把笔完全贴到纸张上，画出来的线条是饱满的，面积是比较宽的。（图 2-3）

把笔一半贴到纸张上，画出来的线条是稍窄的。（图 2-4）

用笔头的边角贴到纸张上，画出来的线条是最窄的。（图 2-5）

小笔头也可以画出粗细的线条。（图 2-6）

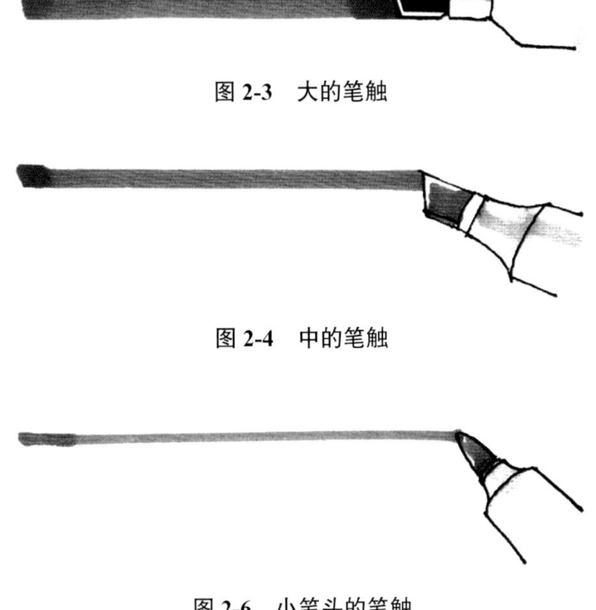

图 2-3 大的笔触

图 2-4 中的笔触

图 2-5 小的笔触

图 2-6 小笔头的笔触

2.1.2 马克笔笔触的叠加

给图 2-7 中的物体上色，如果全部都是用一层笔触，就会显得单薄、呆板、光感对比不够。因此，需要用马克笔的叠加，产生丰富而自然的效果。马克笔常用的几种笔触如图 2-8 所示。

图 2-7 笔触叠加的效果（陈立飞 作）

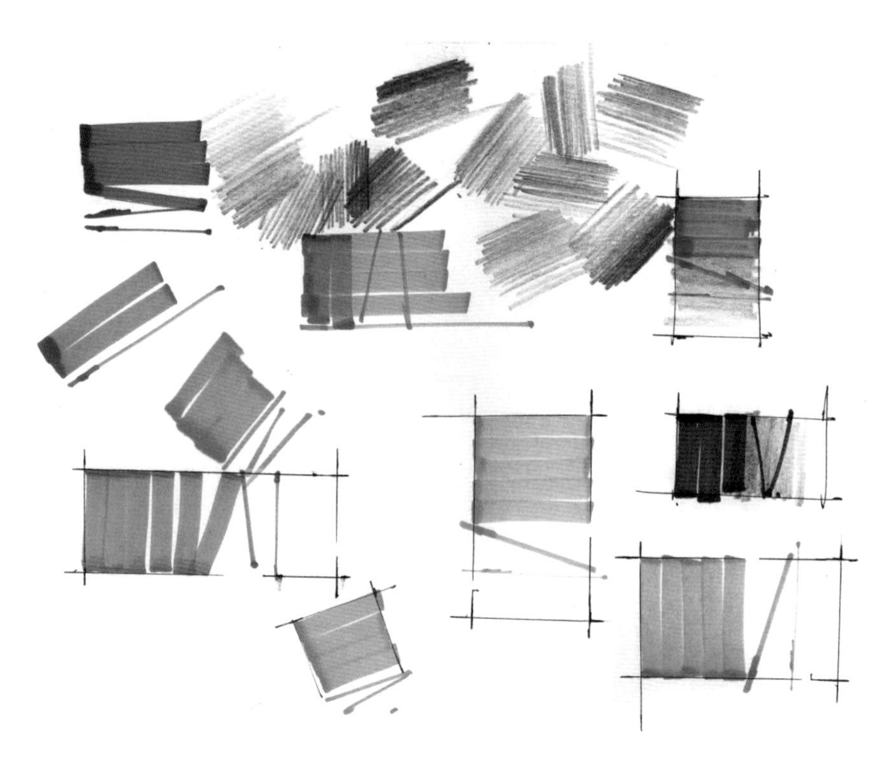

图 2-8　马克笔触练习（陈立飞　作）

笔触过渡比较简单的方法：当笔触画到块面一半左右位置时，开始利用折线的笔触形式逐渐地拉开间距，以近似“N”字形的线条去做过渡变化，需要注意的是，收笔部分通常要以细线条来表现。（图2-9、图 2-10）

图 2-9　笔触叠加示意图（一）（史志方　作）

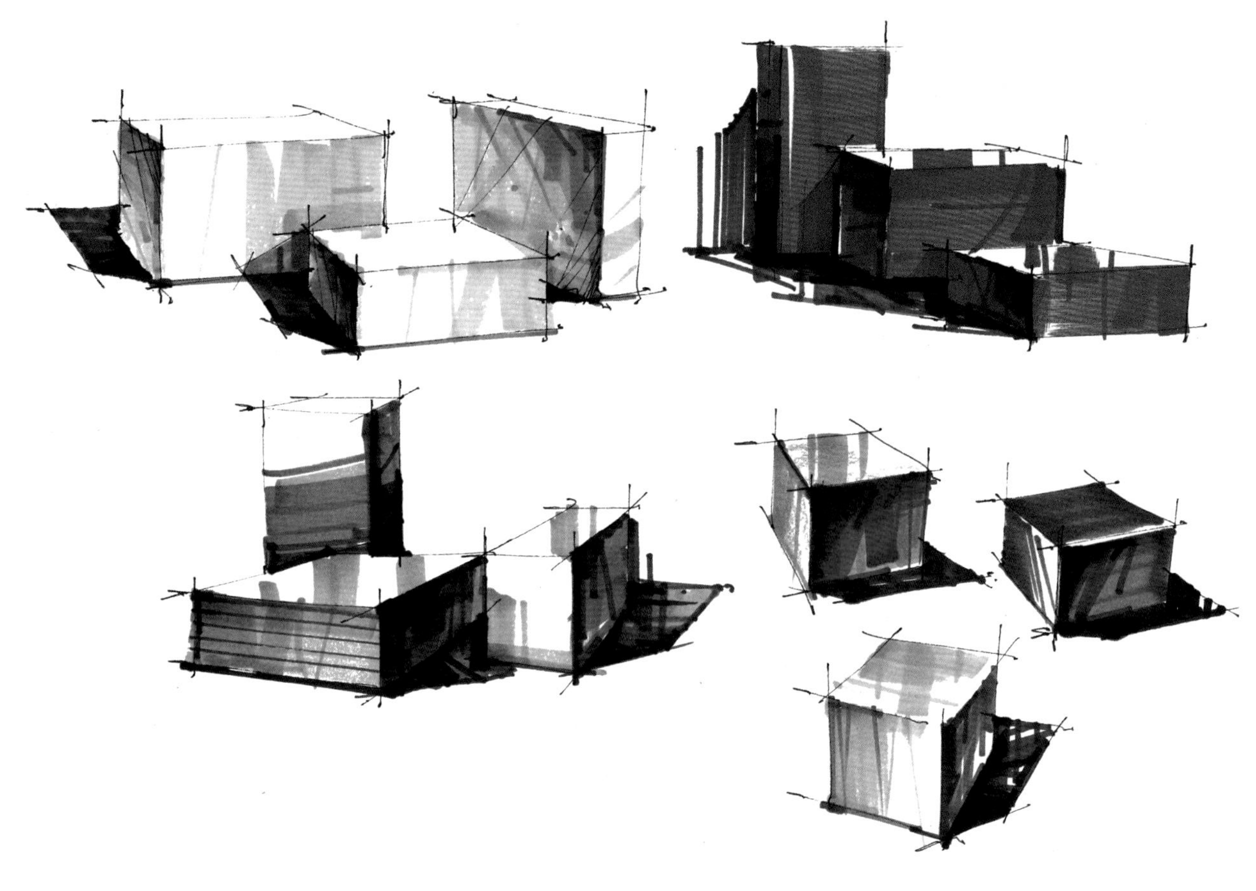

图 2-10　笔触叠加示意图（二）（史志方　作）

2.1.3　马克笔笔触常见的错误

（1）缺少一个过渡色。

在表现图的时候，初学者经常没有考虑整体以及过渡，导致上色的时候，颜色与颜色之间相差很大，过渡不自然，这也是导致画面花的原因之一。（图 2-11）

解决办法：选择两色之间的中间色进行填补；或者用浅色的那支马克笔在两色之间来回叠加几次，也可以使颜色自然过渡。（图 2-12）

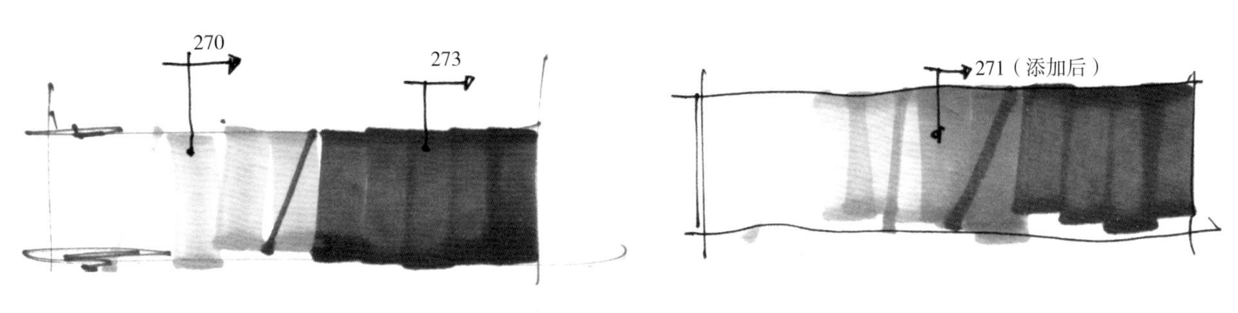

图 2-11　错误范例一　　**图 2-12　修改后范例一**

该木材质中重色与浅色过渡不自然，且留白太多，导致看上去很花，不协调，马克笔颜色平铺过满，显得不透气。（图 2-13）

解决办法：选择一支浅色的马克笔进行叠加，做出深色的渐变效果。（图 2-14）

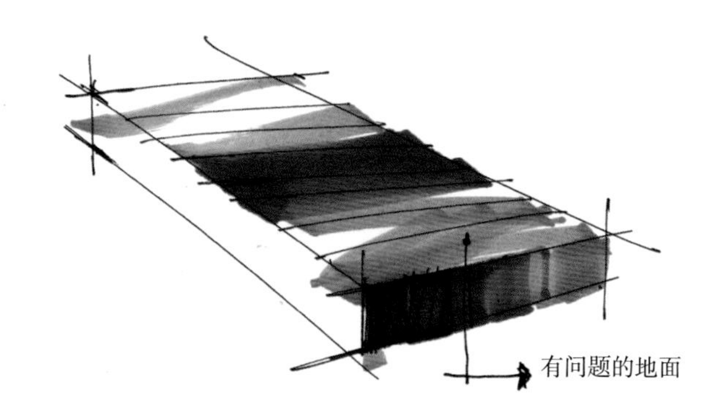

图 2-13　错误范例二

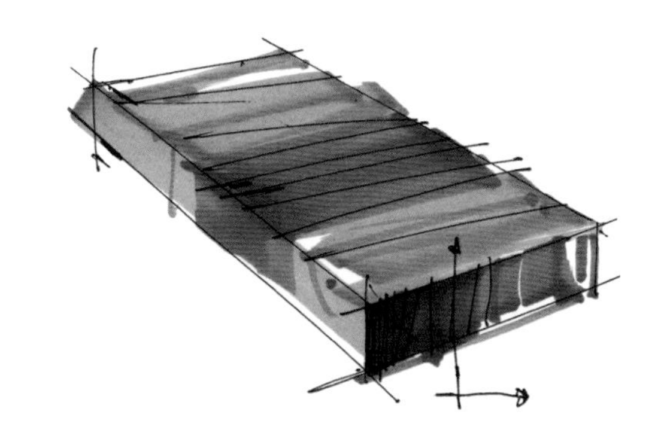

图 2-14　修改后的范例二

（2）缺少一个重色。

只要有光的情况下，物体都会受到光的影响，就会有颜色的深浅变化。所以表现块面的时候，就需要做出深浅渐变关系，如图 2-15 平涂得过于均匀，没有变化，导致块面呆板。

解决办法：找一个重色的马克笔从其中一边进行叠加即可，这样可以让块面产生深浅变化。（图 2-16）

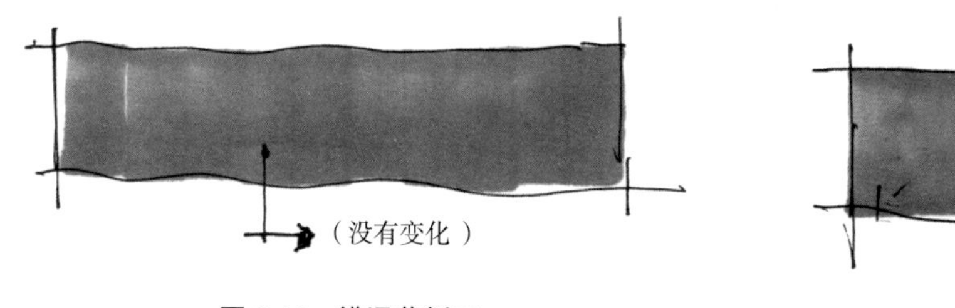

图 2-15　错误范例三

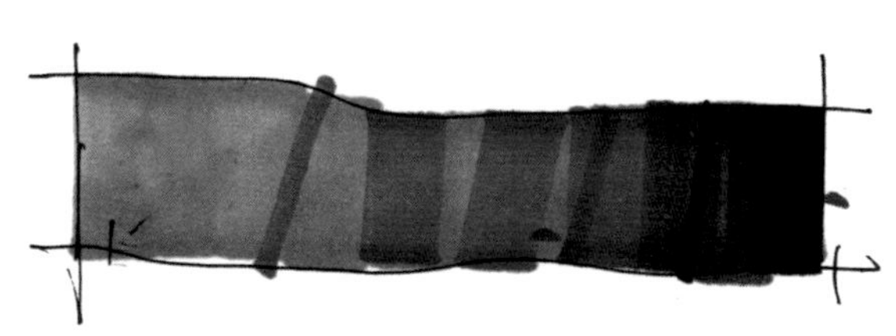

图 2-16　修改后的范例三

草坪是比较难表现的，因为它有弧度，所以我们需要出现弧度的笔触感，而图 2-17 出现的问题就是上色过于均匀，缺少重色进行变化。

解决办法：用深绿色在边缘进行快速叠加，或者用深灰色的马克笔进行渐变叠加，记住千万不要从头画到尾，一定要点到为止。（图 2-18）

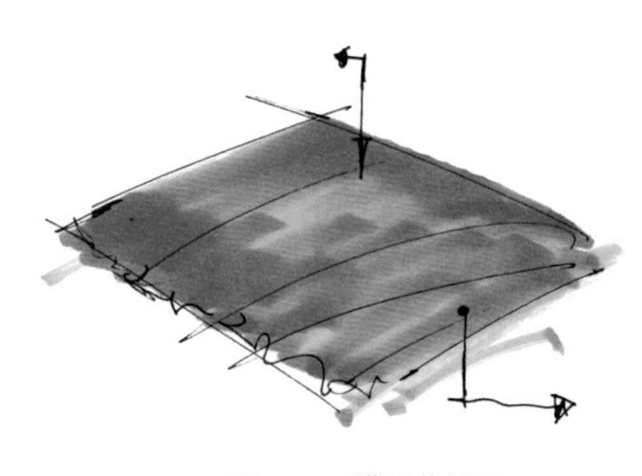

图 2-17　错误范例四

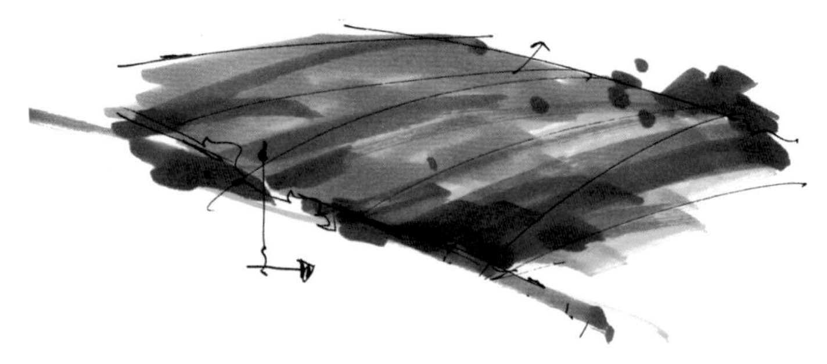

图 2-18　修改后的范例四

2.1.4　马克笔笔触的渐变训练

马克笔因其独特的构造和材质特性让初学者难以驾驭，如果没有控制好就会造成结构变形，或缺少变化。在此给初学者提供几点学习建议。①笔头要贴着结构的边缘线；②笔触要按照结构透视方向走；③注意深浅渐变的效果练习。（图 2-19、图 2-20）

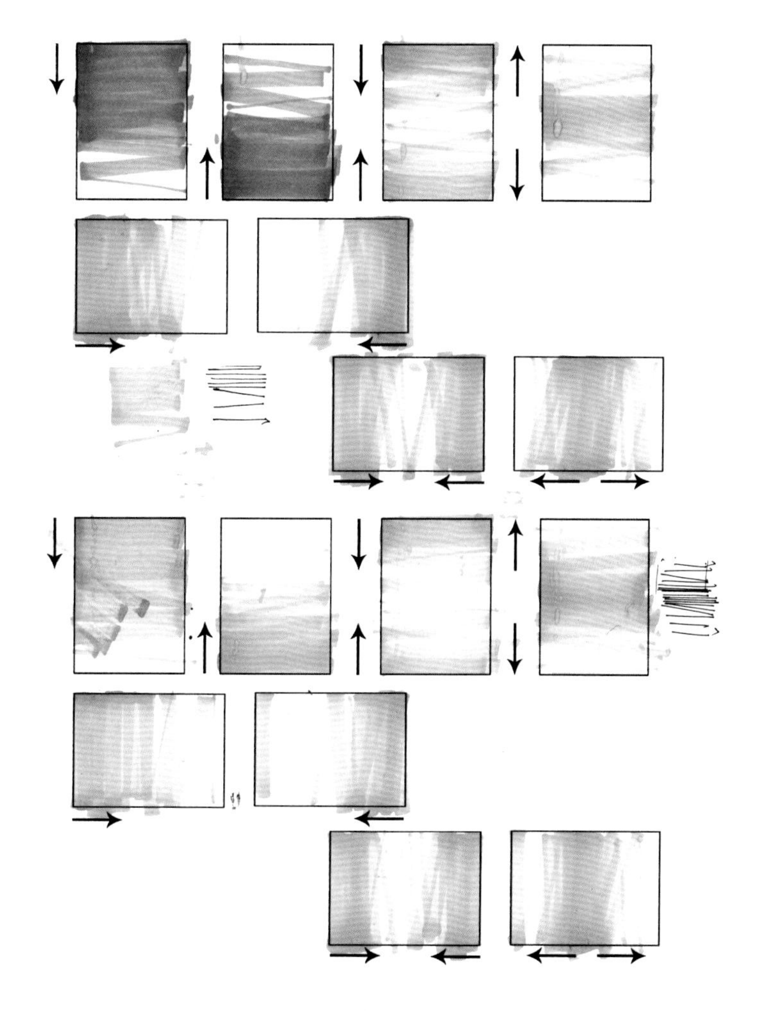

图 2-19　笔触渐变（一）

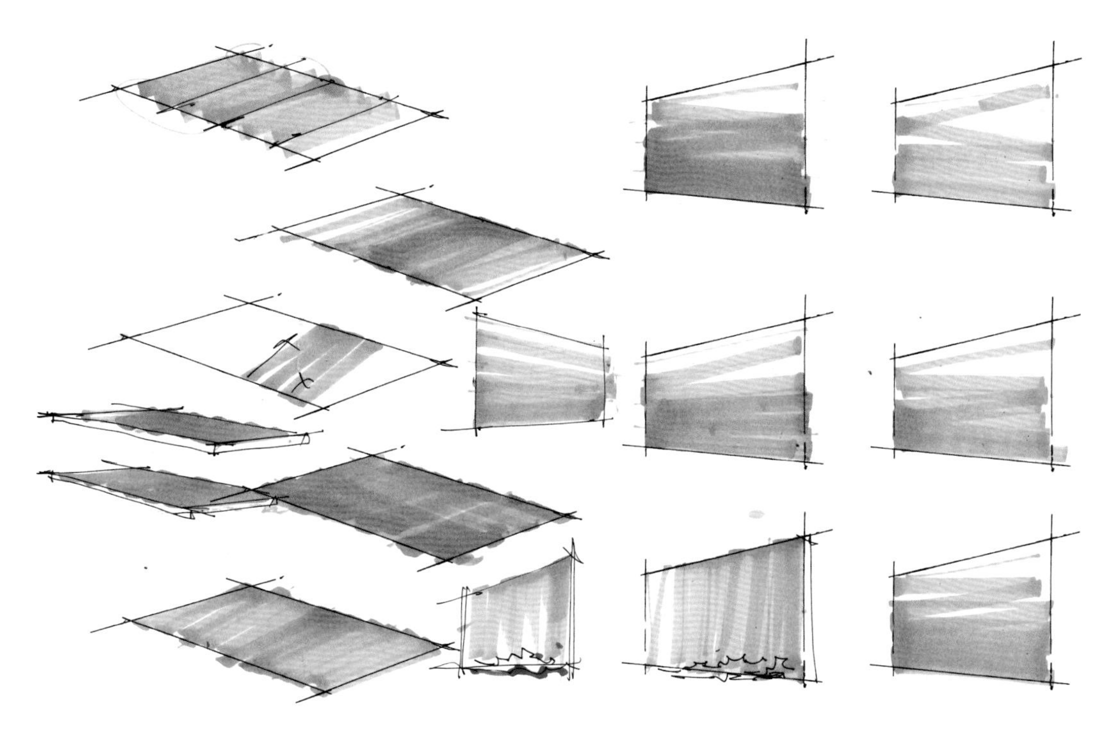

图 2-20　笔触渐变（二）

如果有些同学找不方法，可以跟着以下的步骤进行练习。（图 2-21）

步骤 1：先找出大的透视关系线。

步骤 2：从中间开始排线，笔触要贴着边缘线。

步骤 3：按照透视方向铺满即可。

步骤 4：在中间多画几笔，把中间实、两头虚的效果表现出来。

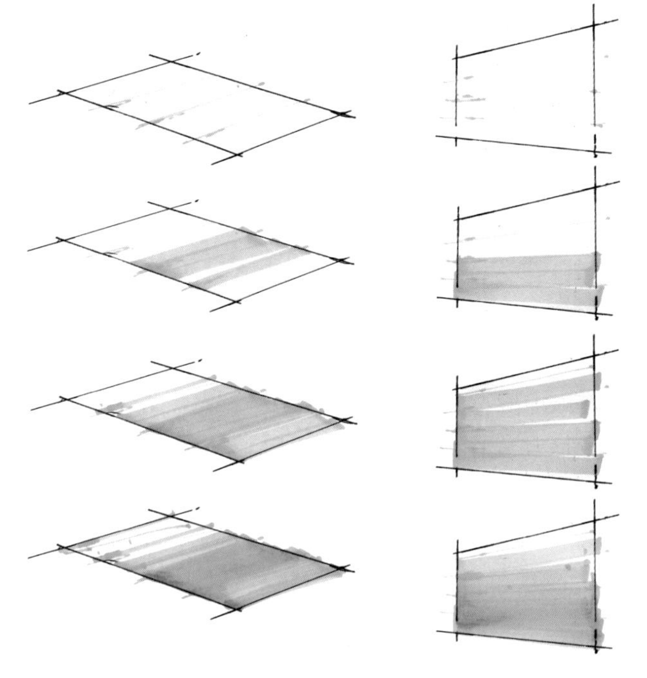

图 2-21　笔触渐变（三）

2.1.5　马克笔笔触的渐变应用

（1）在用马克笔给方盒子上色的时候，我们注重的更多是素描关系，其次再是笔触，而笔触方向要跟着物体的结构方向走。方盒子在画建筑鸟瞰图的时候用得最多。在室外，光线来源都是从顶部照射下来的，所以为亮，其次是灰面以及暗面，最后就是投影关系。在表达方盒子的时候，笔触可以横向，也可以纵向，还可以斜向，更多的是可以综合交叉使用。（图 2-22）

（2）在用马克笔给圆柱体上色的时候，可进行分区：高光部分、受光部分、暗面、明暗交界线、投影。高光部分接收和反射最强的光照。平滑表面比粗糙表面界限更清楚，因后者对光线有散射效果。高光部分两侧为受光部分，远离光源后变弱，与暗面相连。暗面不接受直射光，而是接受反射光。我们需要理解清楚圆柱体的明暗交界线，从明暗交界线处开始进行渐变即可，在表现的时候，可以通过同一支笔进行渐变，也可以通过换笔叠加进行渐变，注意留白产生明显的光感。（图 2-23）

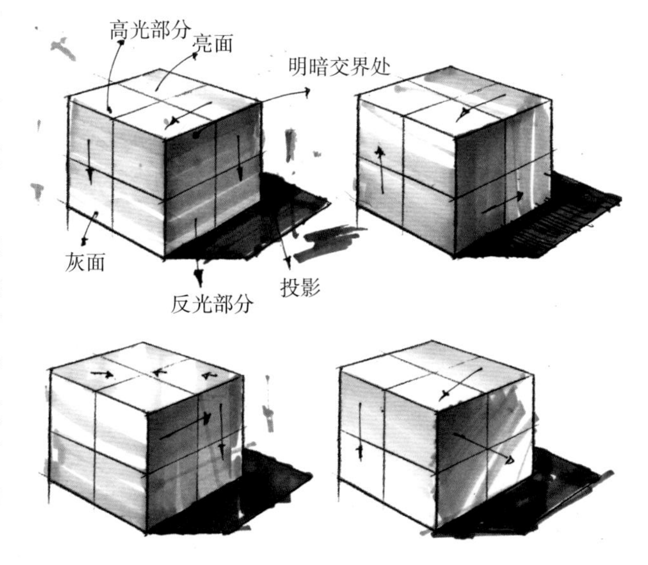

图 2-22　方盒子马克笔上色

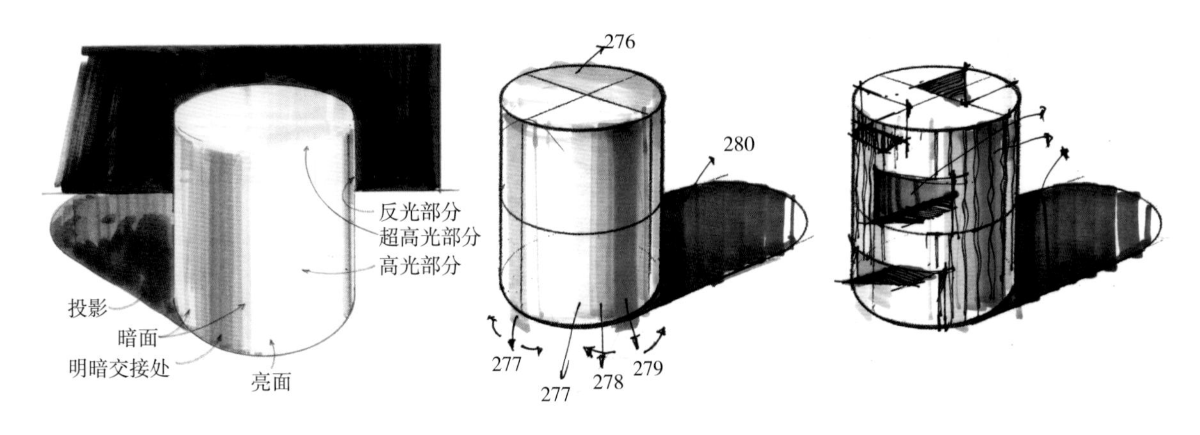

图 2-23　圆柱体马克笔上色

（3）在用马克笔给圆球上色的时候，同理也是要找出五大调子：高光部分、受光部分、暗面、明暗交界线、投影。最重要的就是暗面的位置所占比例要相对较少，亮面和灰面要相对较多。（图 2-24）

（4）马克笔上色的基础是形体透视，如果形体比例都错了，笔触再潇洒都是空谈。马克笔上色的时候，要不断地提醒自己，注意三大面的关系，注意面与面的区分。马克笔运笔方向需要根据体块面的变化而变化，要善用笔头的任何角度来塑造不同粗细、不同方向的线条，体现其灵活多变的层次关系。（图 2-25~ 图 2-28）

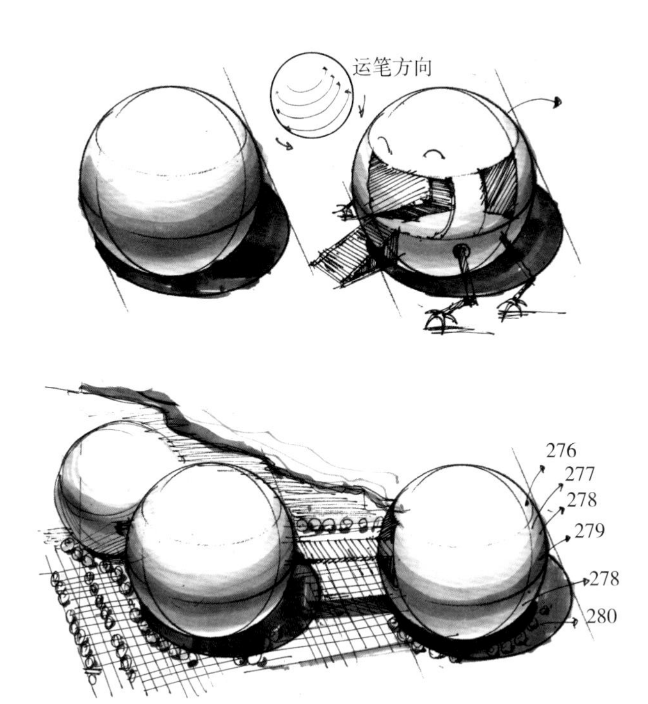

图 2-24　圆球体马克笔上色

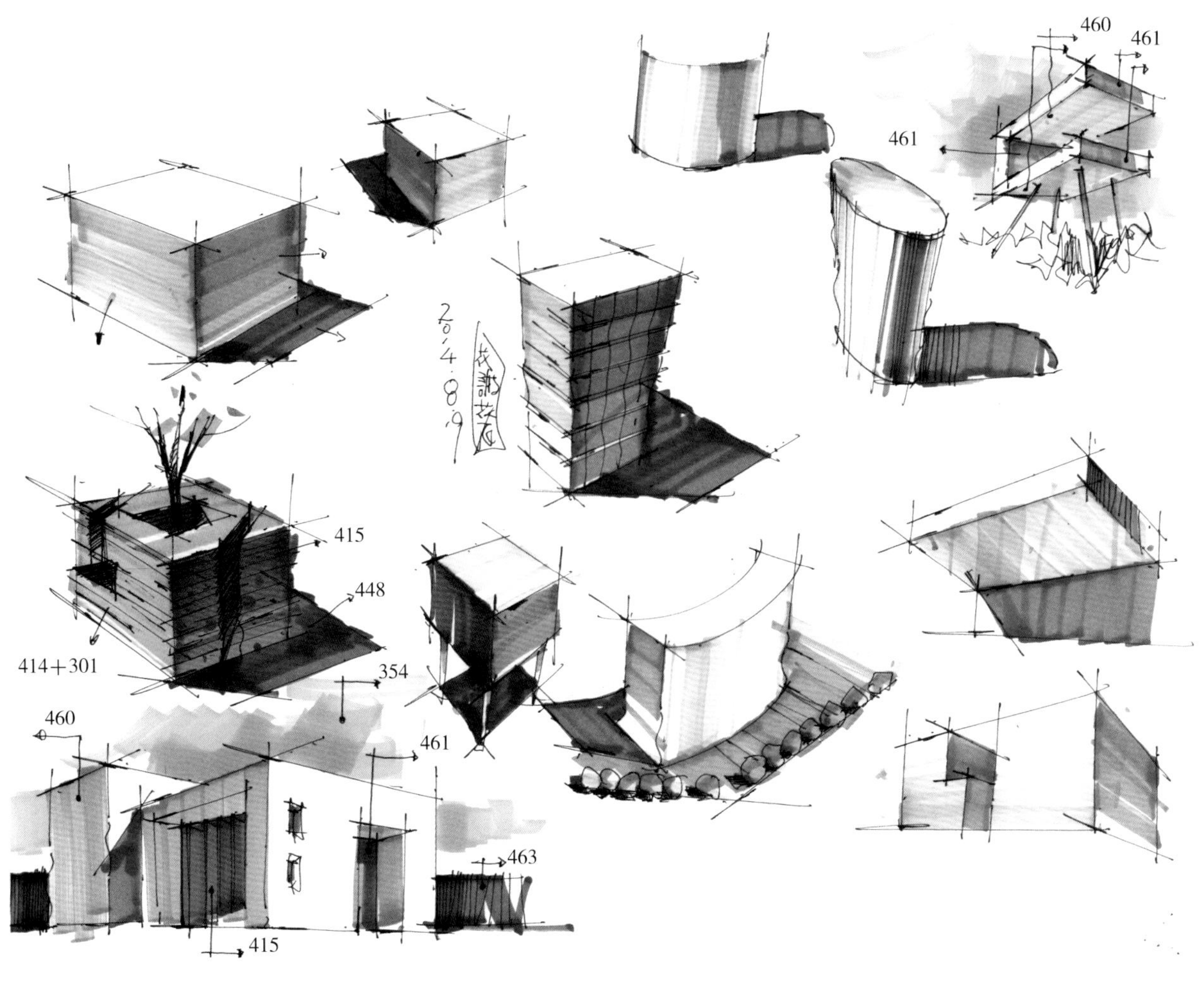

图 2-25　马克笔体块练习（一）

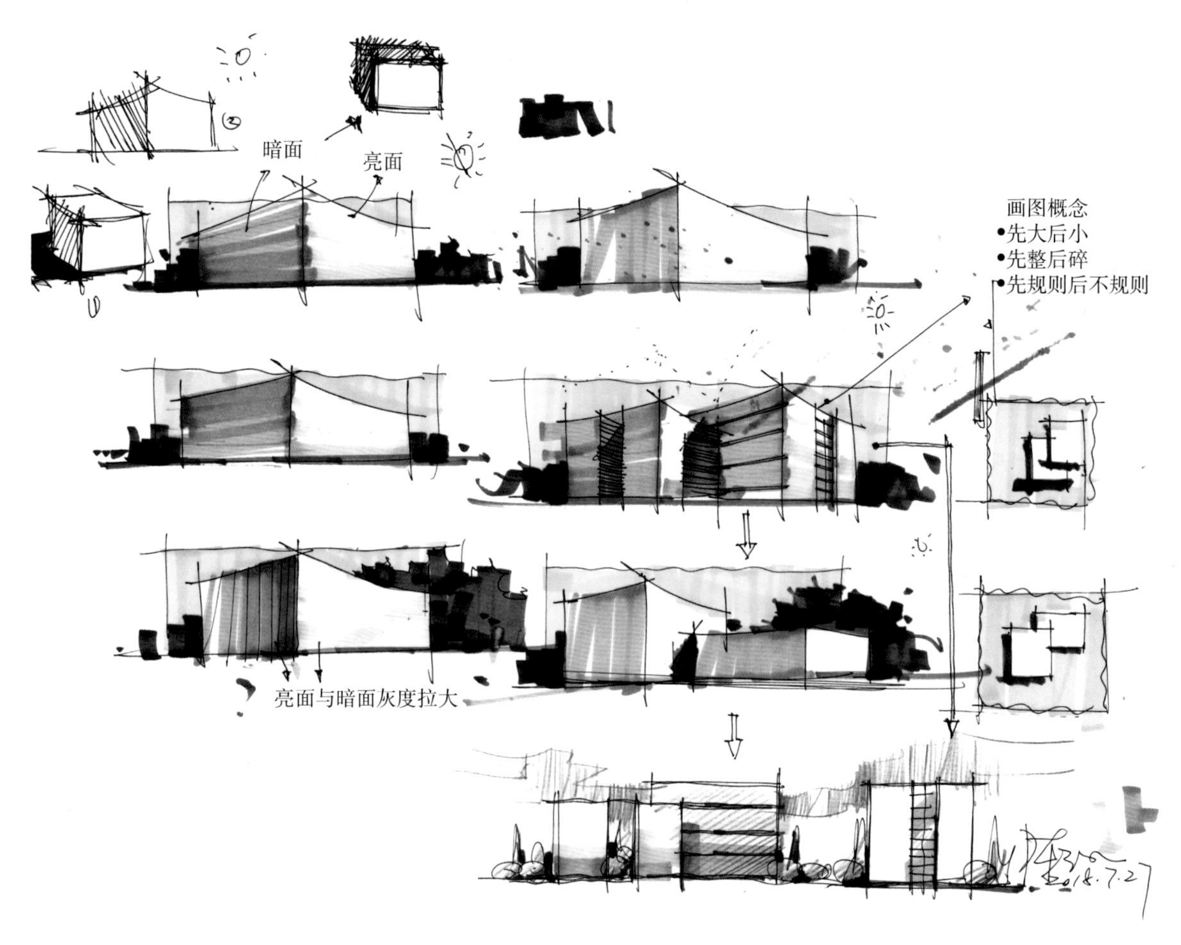

图 2-26　马克笔体块练习（二）

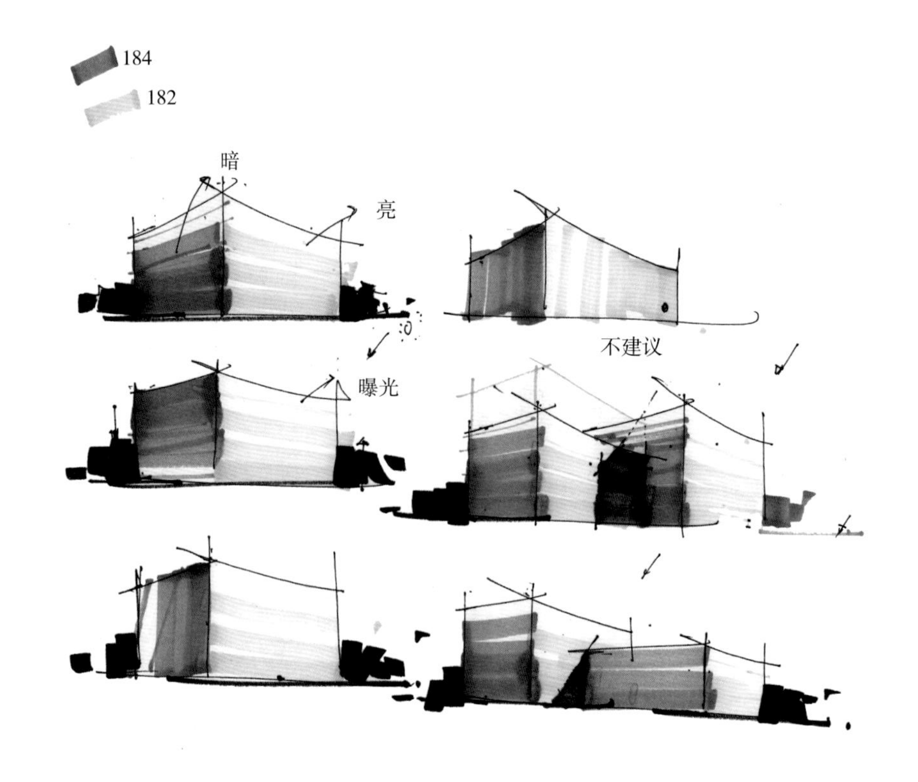

图 2-27　马克笔体块练习（三）

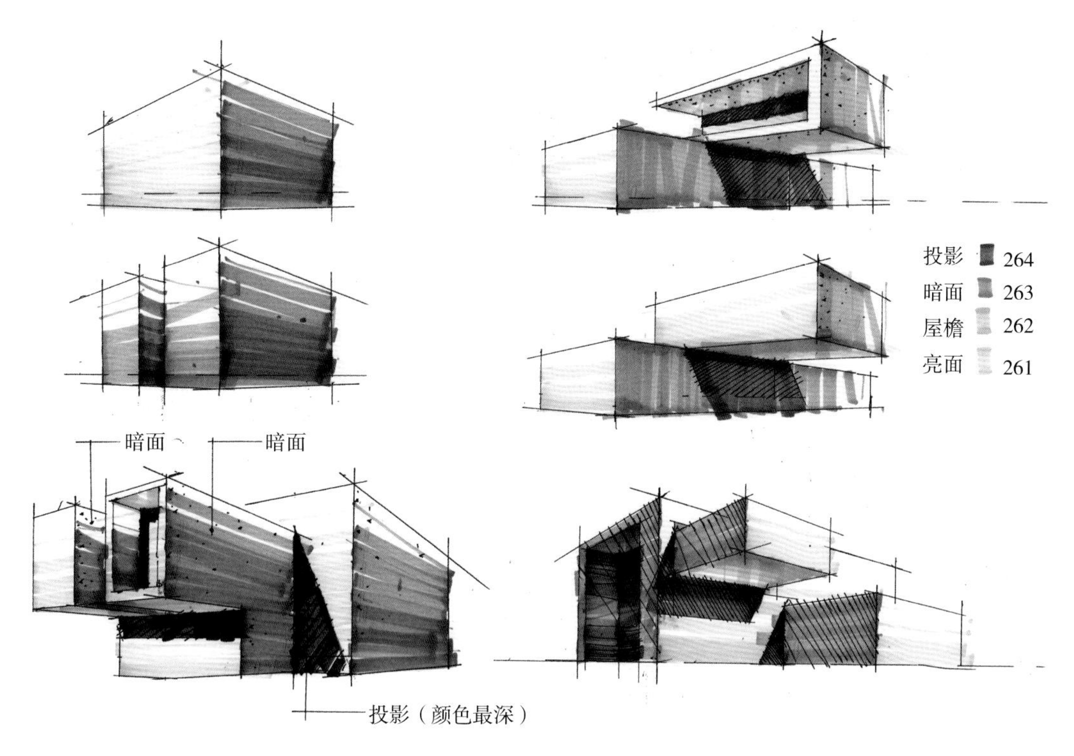

图 2-28　马克笔体块练习（四）

2.2　植物的画法

2.2.1　植物线的分析

植物在现实生活中的形态非常复杂，我们不可能把所看到的都表现出来，要学会概括，用简练的线条把它塑造出来，但是用线不能过硬，要自然、流畅。适用于各种植物的线条，称为“锯齿线”，这种线条可以概括为“W”和“M”的形态。起笔时，注意线条转折要自然，出头不宜过长，并注意整体的伸缩性，要出现成角关系。（图 2-29）

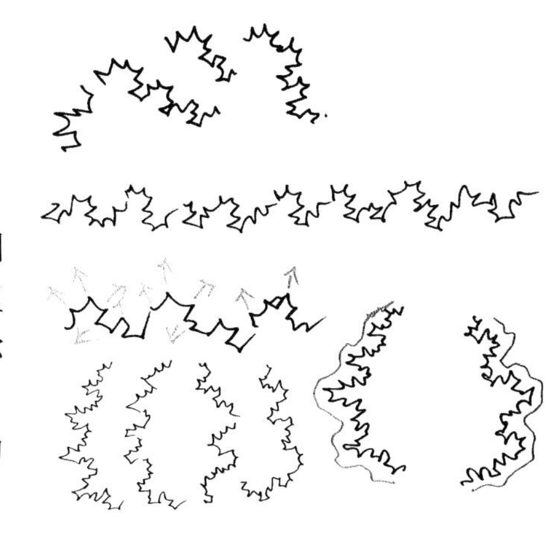

图 2-29　锯齿状植物线（李磊　作）

2.2.2　植物的概念理解

在练习的时候，我们把树冠理解为圆球就可以了，而且理解为是由多个球体组成的，这样便于理清植物的基本前后关系。（图 2-30）

理解后，我们需要举一反三，灵活运用。表现树木的时候，可以抽象一些，抽象是具象的升华，用抽象变形的方式来表达植物的形态，可以让画面更具有概念感和设计感，同时也具有趣味性。（图 2-31、图 2-32）

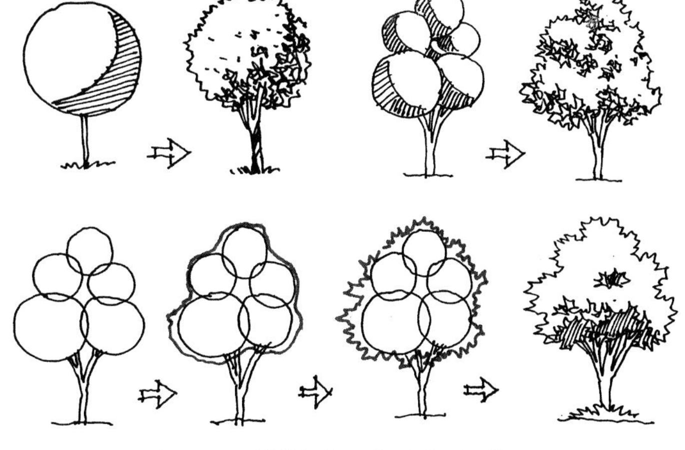

图 2-30　树的概念延伸（李磊　作）

图 2-31　树的形态变化（一）（黄德风　作）

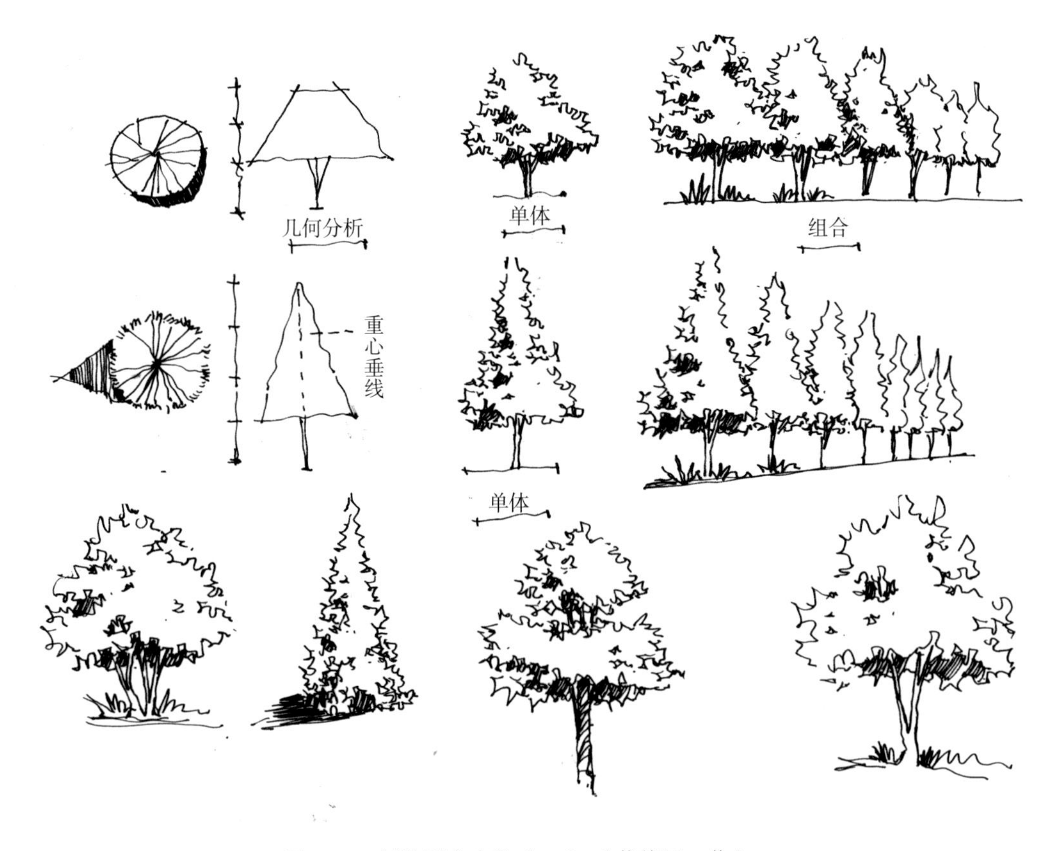

图 2-32　树的形态变化（二）（黄德风　作）

对树木的处理，要采用具有趣味性、夸张性的手法来概括，不做写实的处理，更多时间放到表现空间的尺度感、三维感上。图 2-33、图 2-34 用了夸张的手法来表现树的形态，供大家参考。

图 2-33　树的夸张表现手法（一）（李磊　作）

图 2-34　树的夸张表现手法（二）（李磊　作）

2.2.3 树木的表现技巧

在表现树的上色过程中，最常用的笔法是“短摆笔”笔触、“点摆笔”笔触和“虚实变化线”。

“短摆笔”笔触用来塑造树冠的体型特征，模拟叶片的形态，运笔时要根据植物的结构特点来安排笔触方向，通常用在最初着色阶段。

“点摆笔”笔触常用来塑造树的边缘，使其看上去自然轻松，有时也可以表现树的过渡面的层次关系。

“虚实变化线”是指通过运笔的速度和力度来控制同一笔触从深到浅的渐变，使树冠看起来光感自然柔和。其笔触灵活自如，或是线状或是点状，通常用在暗部起点缀作用。

将以上三个要素结合起来就完成了一组树木的润色。（图 2-35~ 图 2-37）

图 2-35 “短摆笔”笔触示意图（李磊 作）

图 2-36 “点摆笔”笔触示意图（李磊 作）

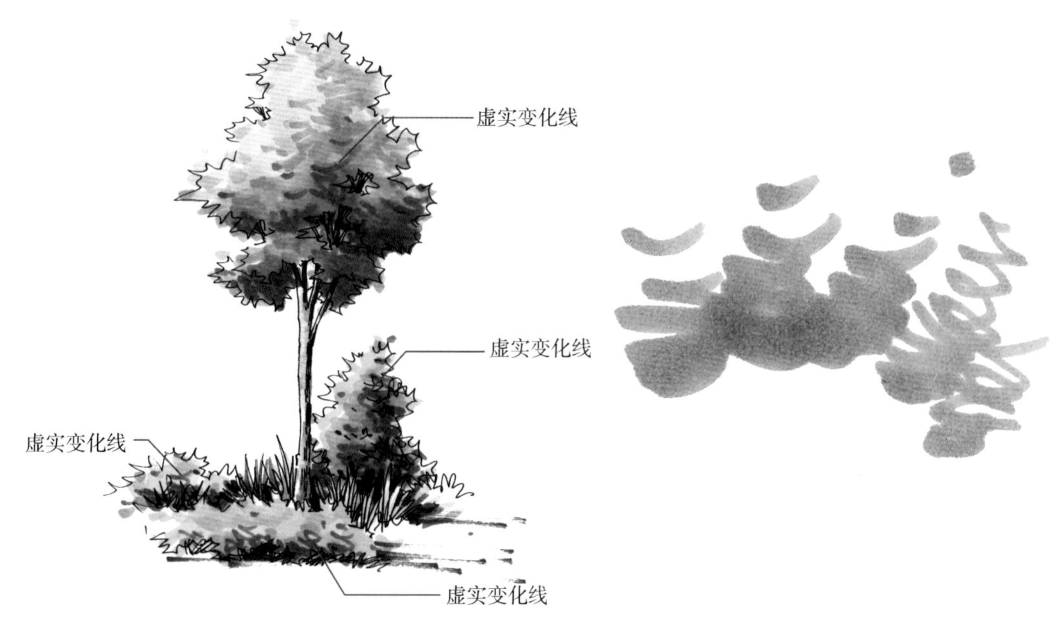

图 2-37　“虚实变化线”笔触示意图（李磊　作）

画树的时候，树冠的光影变化一般会遵循球体的明暗规律，首先要区分出大面的明暗变化，然后再表现树冠中叶子的凹凸细节。要注意暗面面积所占比例不宜超过亮面，树干着色时也要注意明暗变化，通常亮面可以留白或者用淡木色平涂，然后加入深色点缀暗面。靠近树冠的树枝往往受树冠阴影的影响着色时会加重些。（图 2-38~ 图 2-43）

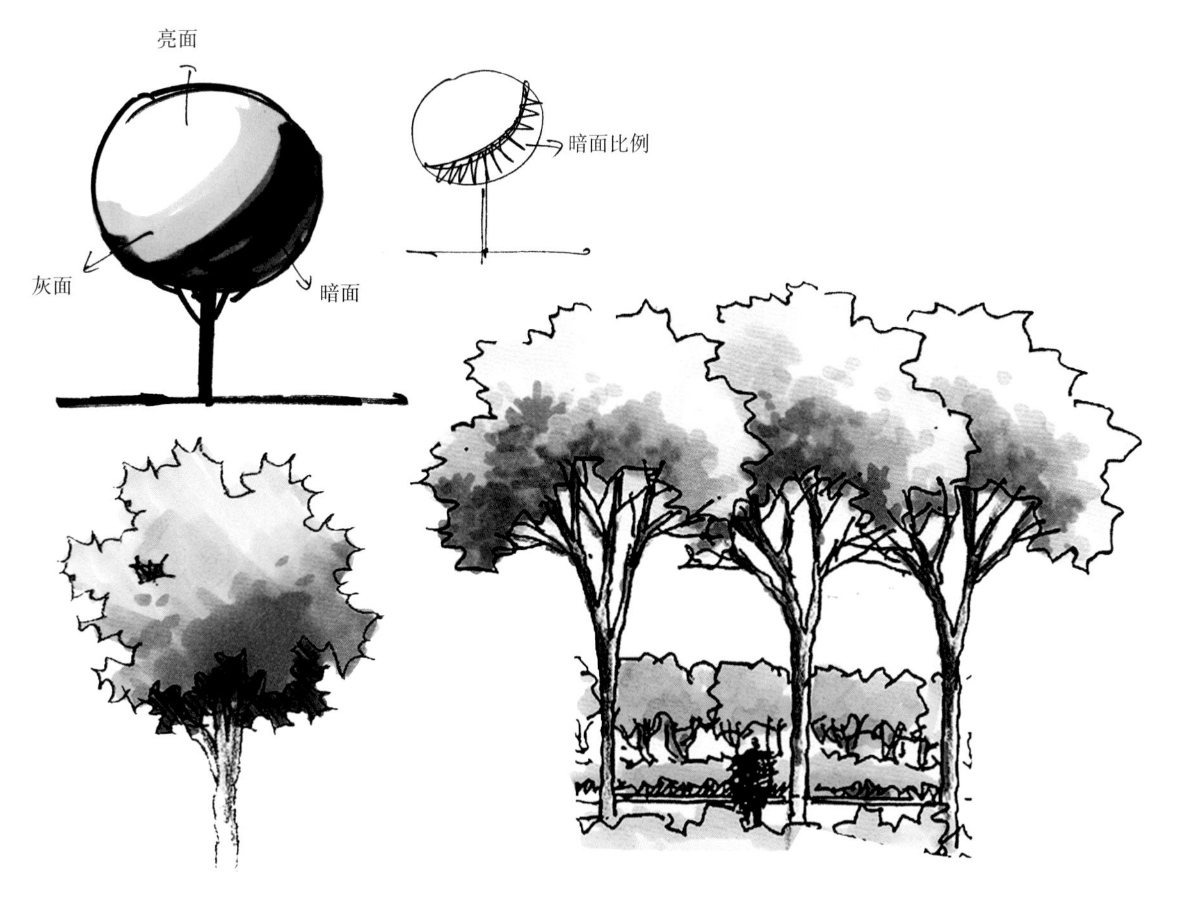

图 2-38　树冠的光影表现（李磊　作）

图 2-39 表现树冠中的叶子的凹凸细节（李磊 作）

图 2-40 树干着色的明暗表现（李磊 作）

图 2-41 树木的整体表现（李磊 作）

图 2-42　树木的整体单色表现（一）（黄德凤　作）

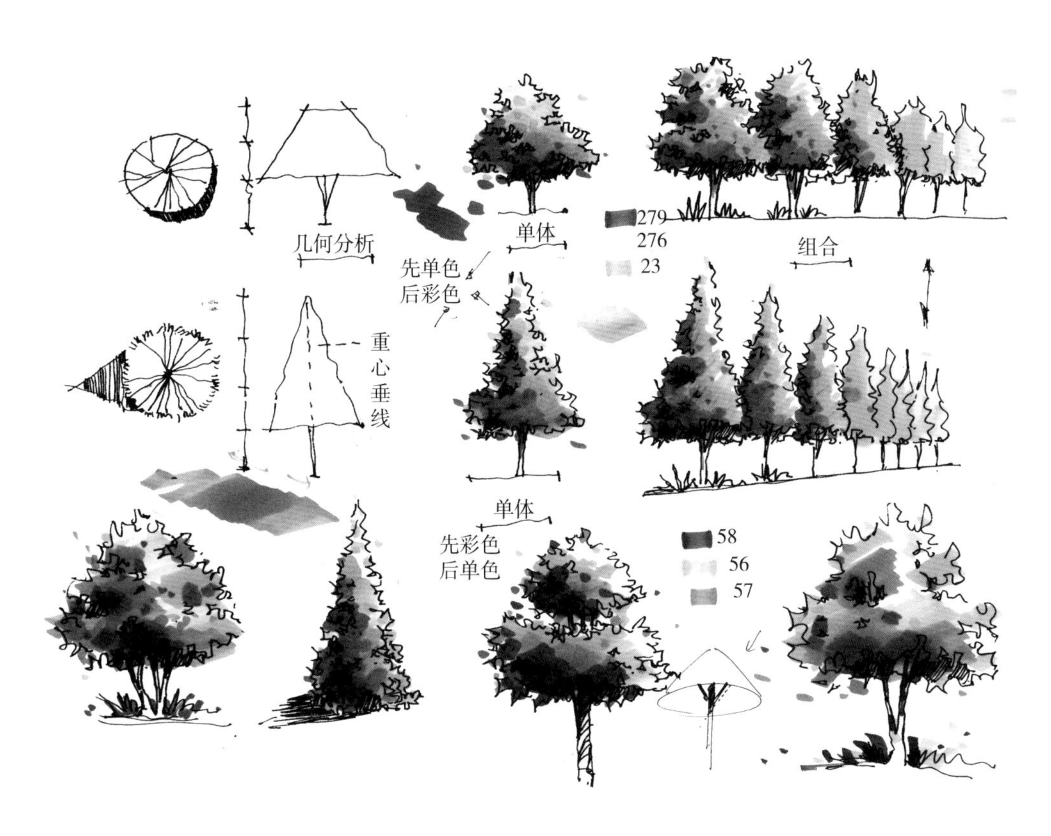

图 2-43　树木的整体单色表现（二）（黄德凤　作）

2.2.4　收边树的上色图解

在表现收边树的时候，初学者会把颜色画得非常鲜艳，缺少一个光影效果，那是大忌；因为缺少对素描关系的理解，在此分享一个方法与君共勉。

一般收边树放到整个空间图的左上角或者右上角，为了构图的需要，一般是从单色开始再到固有颜色。（图 2-44~ 图 2-46）

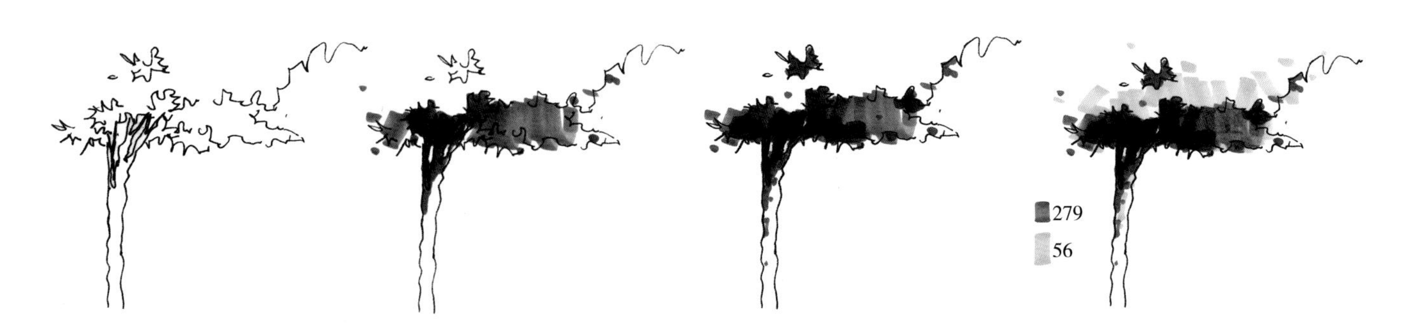

图 2-44　收边树马克笔单色上色步骤分解（一）（陈立飞　作）

图 2-45　收边树马克笔单色上色步骤分解（二）（陈立飞　作）

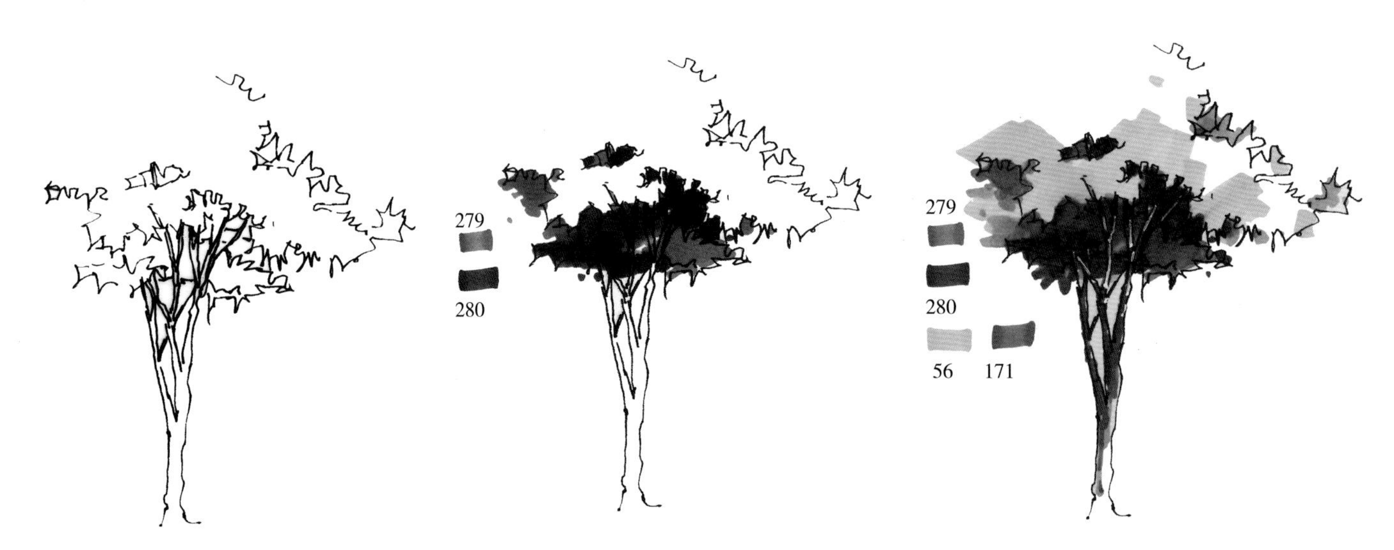

图 2-46　收边树马克笔单色上色步骤分解（三）（陈立飞　作）

2.2.5　草地的上色图解

草地是手绘图当中必不可少的元素之一。在上色时，按照透视方向排笔就可以了，运笔速度要快，颜色不能过重，而且需要跟着坡地的弧度方向运笔。可以先从单色开始，再到固有颜色。（图 2-47~图 2-49）

图 2-47　草地马克笔单色上色步骤分解（一）（陈立飞　作）

图 2-48　草地马克笔单色上色步骤分解（二）（陈立飞　作）

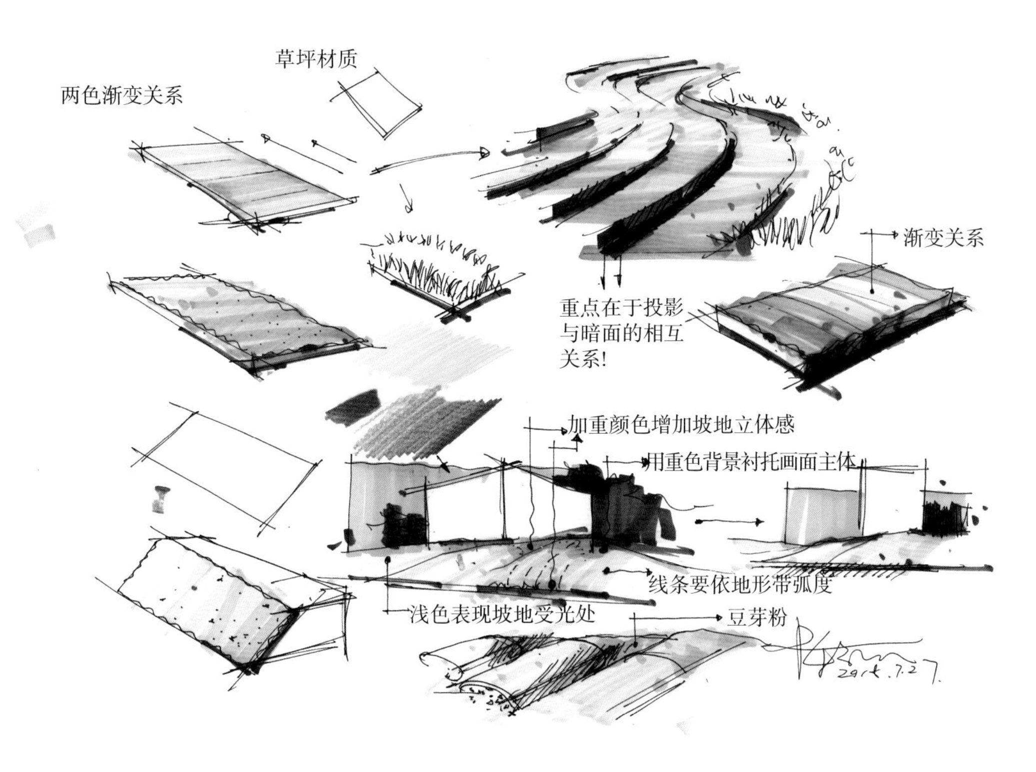

图 2-49　草地马克笔单色上色分析（陈立飞　作）

2.3　石头的画法

画山石需要把握住山石不规则几何体块的特征，行笔多用折线，运笔宜果断，强调意在笔先，笔随心动。山石在建筑手绘图中，只是一个配景，不需要像景观图表现中刻画得那么细致。（图 2-50~图 2-52）

图 2-50　石头表现（一）（陈立飞　作）

图 2-51　石头表现（二）（陈立飞　作）

图 2-52　石头表现（三）（陈立飞　作）

2.4　人物的画法

建筑手绘图中的人物可以起到烘托环境、活跃气氛、增强活力、显示地域位置、调整画面构图和明确建筑尺度的作用。在绘制的过程中更强调的是人物的整体形态，以及动态、服饰、大小比例是否符合透视规律，而不是过分刻画，喧宾夺主。

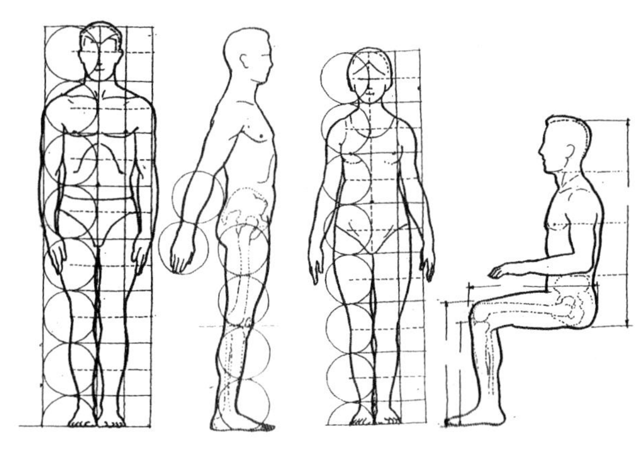

图 2-53　人体比例

2.4.1　人物的比例

人体各部分的比例都是以头为单位，中国大部分人身高为 7~7.5 个头高，但大多数画者为了画面的美观，塑造诱人的比例，把身高画成 8 个头高。时装画则画成 9 个头高，创造出双腿修长的理想人体。（图 2-53）

2.4.2　火柴人的动态表现

图 2-54 所示为人常见的基本动作，人的重心会落在一个脚上，但支撑重量的腿的各部分的位置比外伸休息的腿要高，而肩膀比另外一侧的腿要低。

图 2-54　火柴人的动态表现（陈立飞　作）

2.4.3　手绘图中配景人物的作用

（1）调整画面构图和明确建筑尺度的作用。（图 2-55）

图 2-55　配景人物作用（一）（李磊　作）

（2）烘托环境，活跃气氛，点景，增强活力，显示地域位置。（图 2-56）

图 2-56 配景人物作用（二）（李磊 作）

（3）远近各点适当地配置人物可以增加画面的空间感。人物走路的方向应该有向心“聚”的效果，不宜往外走散。如果在低视点透视图中，假设视平线是 1.7m，那么画面中所有的成年人的头部都应该统一在一条视平线上。如果在高视点的透视图中，要根据建筑的尺度来画人物的高度，可适当把人物画小一点。（图 2-57）

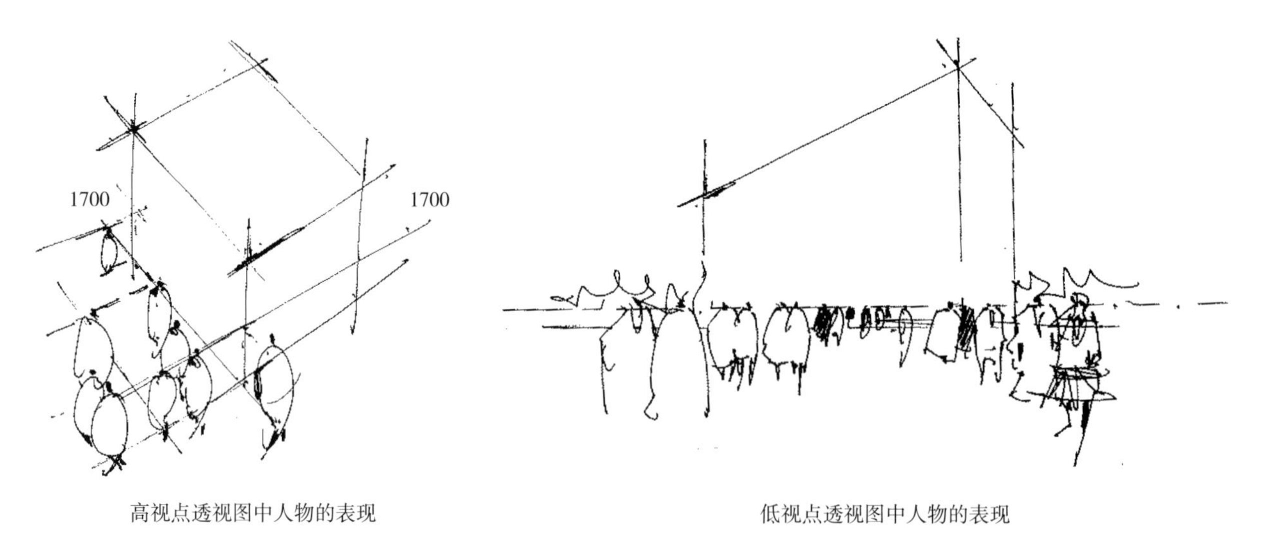

高视点透视图中人物的表现　　低视点透视图中人物的表现

图 2-57 配景人物作用（三）

2.4.4 手绘图中配景人物的画法

人物在手绘图中起到衬托的作用。我们的学习需要一个从临摹到默写再到创作的过程，熟能生巧，从而掌握人物画法的基本规律。（图 2-58）

图 2-58　手绘中配景人物训练（李磊　作）

2.5　建筑单体上色

2.5.1　单色上色

在手绘表达中通常会简化明暗关系的塑造，其原因有三点：

（1）为了快速表达，节省时间。

（2）为了给马克笔上色腾出时间，避免出现因调子过多而导致颜色不明显的迹象。

（3）为了让马克笔上色更加厚重并且更加容易出效果。

无论使用什么工具，只要大致把建筑体块的明暗关系区分开就可以，这样做的目的是为了掌握马克笔的使用并让绘者更加熟悉黑白灰关系，同时为日后的彩色图做铺垫。（图 2-59~ 图 2-64）

图 2-59　单色表现（一）（陈立飞　作）

图 2-60　单色表现（二）（李磊　作）

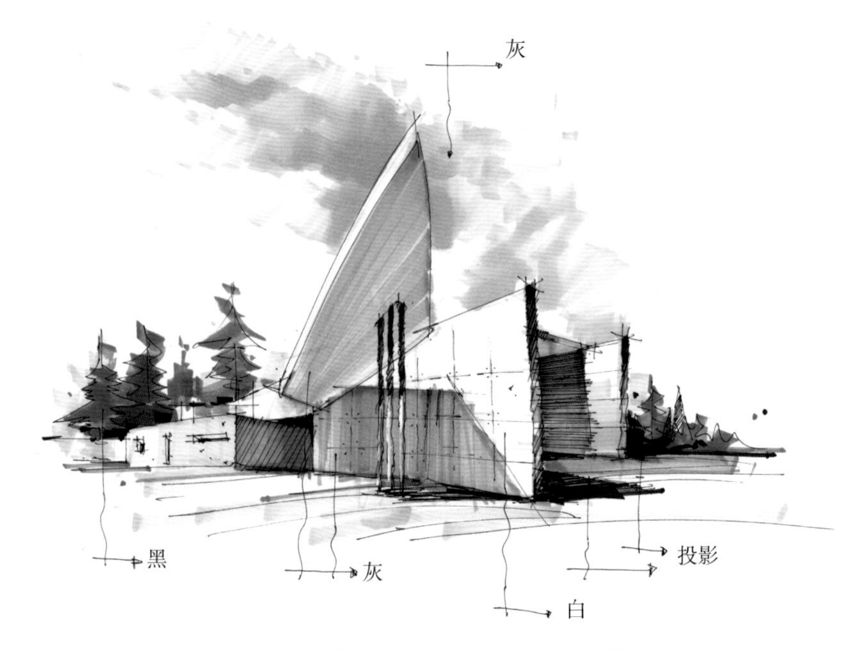

图 2-61　单色表现（三）（陈立飞　作）

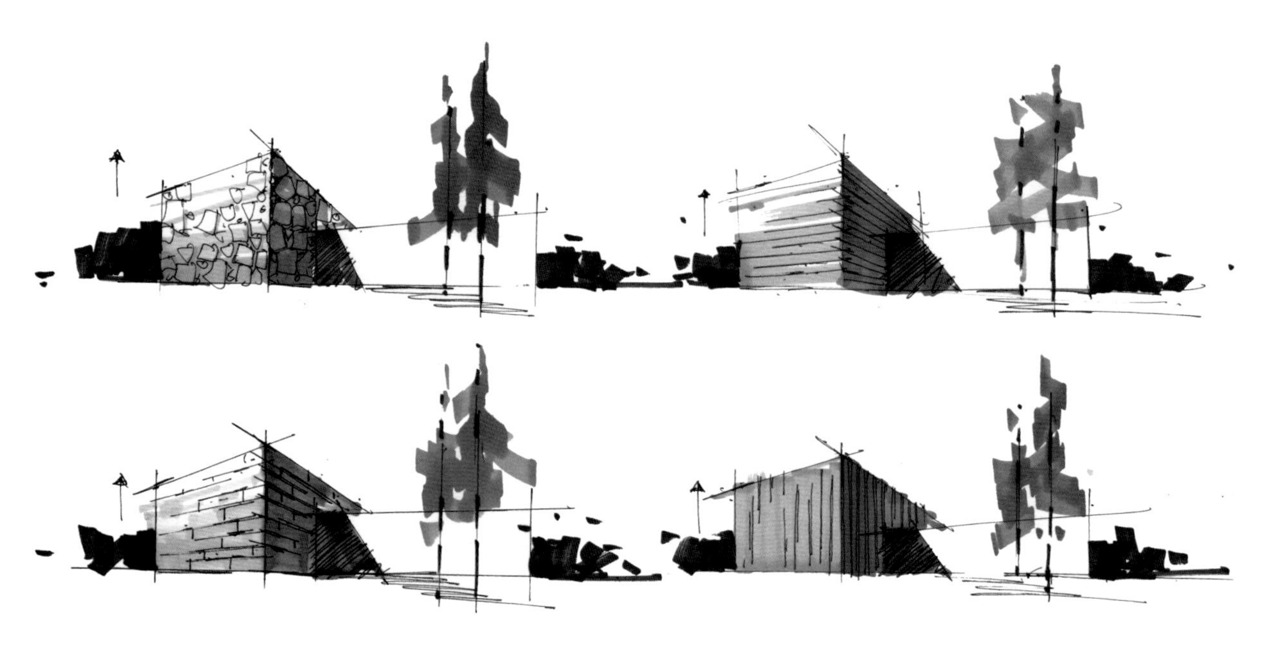

图 2-62　单色表现（四）（陈立飞　作）

图 2-63　单色表现（五）（陈立飞　作）

图 2-64　单色表现（六）（李磊　作）

2.5.2　建筑手绘限时训练

初学者在画手绘的时候，往往会进入一个误区，以为花一天的时间去完成一张作品，就能掌握手绘的技能了。其实不然，初学者需要更有效、更系统的训练，才能更好地掌握基本的方法。

首先，应该规定一个时间，例如 15 分钟、10 分钟、5 分钟、3 分钟、1 分钟。同时，在训练的时候，可以放一段激情澎湃的音乐，这样画起来才有紧张感。

（1）15 分钟的训练，应该包括对建筑的形体、整体气氛及完整度（主景、配景人物、天空、色彩）的把握。（图 2-65、图 2-66）

图 2-65　限时 15 分钟快速表达（一）（王璐　作）

图 2-66　限时 15 分钟快速表达（二）（王璐　作）

（2）10 分钟的训练，需要更加概括建筑的线条，里面应该包括对建筑的形体和完整度的把握。（图 2-67~ 图 2-70）

图 2-67　限时 10 分钟快速表达（一）（郑欣欣　作）

图 2-68　限时 10 分钟快速表达（二）（陈立飞　作）

图 2-69　限时 10 分钟快速表达（三）（陈立飞　作）

图 2-70　限时 10 分钟快速表达（四）（阮其才　作）

（3）5 分钟的训练，用非常快速以及肯定的线条去表达，只要形体准确即可，把握好它的明暗对比感。（图 2-71~ 图 2-74）

图 2-71　限时 5 分钟快速表达（一）（王璐　作）

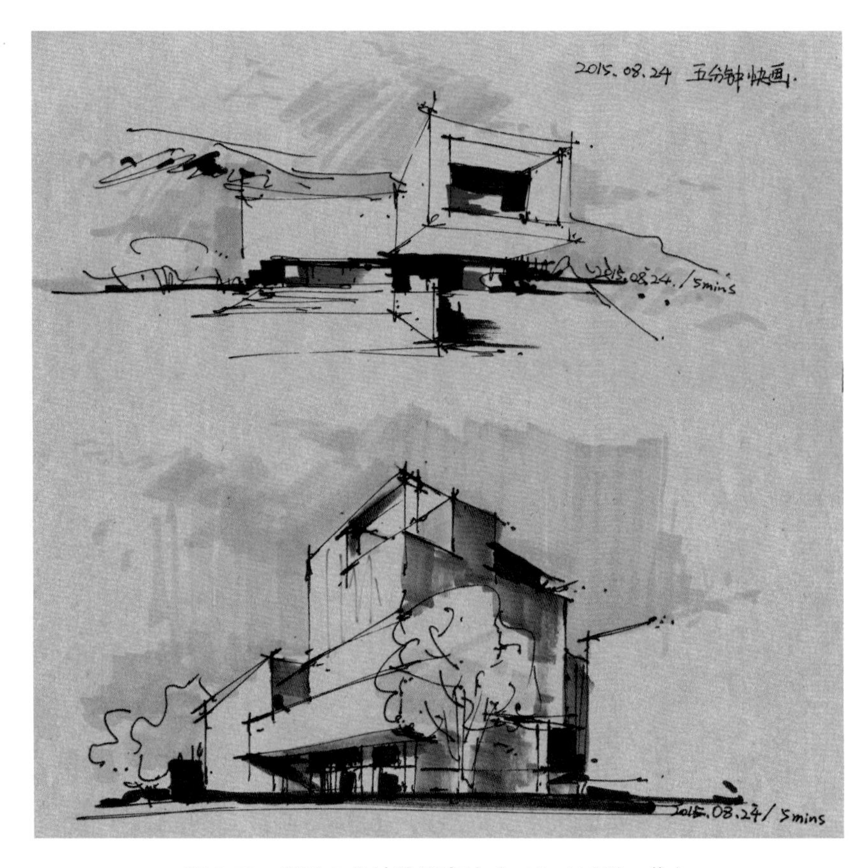

图 2-72　限时 5 分钟快速表达（二）（王璐　作）

图 2-73　限时 5 分钟快速表达（三）（张健莹　作）

图 2-74　限时 5 分钟快速表达（四）（阮其才　作）

（4）3 分钟的训练，把复杂的建筑形体简单化，用最简单概念的马克笔上色方式表达体块以及玻璃即可。（图 2-75、图 2-76）

图 2-75　限时 3 分钟快速表达（一）（陈立飞　作）

图 2-76　限时 3 分钟快速表达（二）（陈立飞　作）

（5）1 分钟的训练，用极简的线条表示形体即可，有时间就上颜色，没有时间就不用上颜色。（图 2-77）

图 2-77　限时 1 分钟快速表达（陈立飞　作）

2.5.3　建筑单体上色训练讲解

2.5.3.1　范例一

1. 原照片分析（图 2-78）

（1）该建筑透视感明显，是两点透视的空间图。

（2）远景的建筑物和树木较为复杂，我们应该主观处理并取舍。

（3）地面是容易出错的地方，初学者会把地面画宽，这点需要谨慎。

图 2-78　原建筑照片

2. 步骤分析

步骤 1：在纸张三分之一处折纸，再用断线把视平线、消失点找出，然后画出主体建筑的外轮廓，线条要干脆利落，如果一笔画不了长线，可以分段进行接线。（图 2-79）

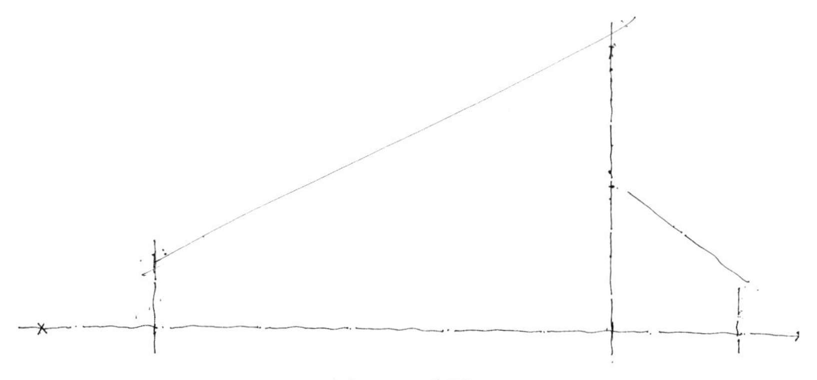

图 2-79　步骤 1

步骤 2：进一步切割体块，刻画建筑主体的结构细节，线条也需要概括处理。（图 2-80）。

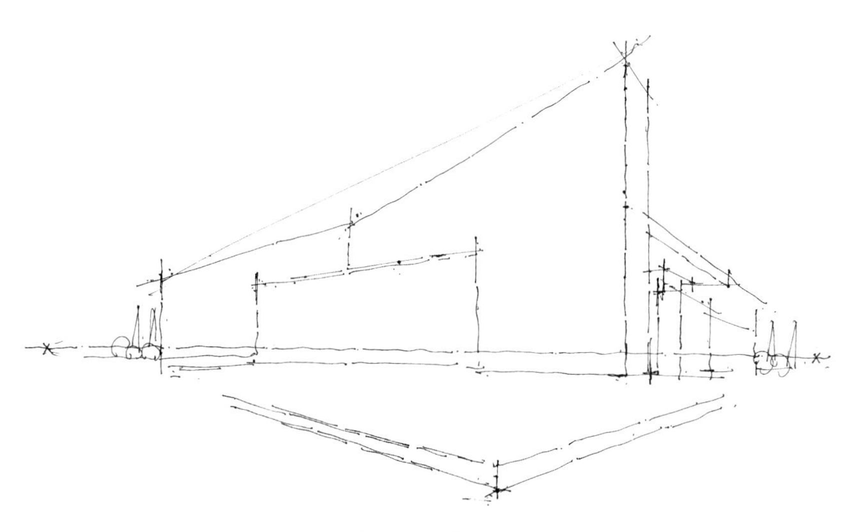

图 2-80　步骤 2

步骤 3：把建筑表皮的材质勾勒出来，并找出每部分的穿插关系。（图 2-81）

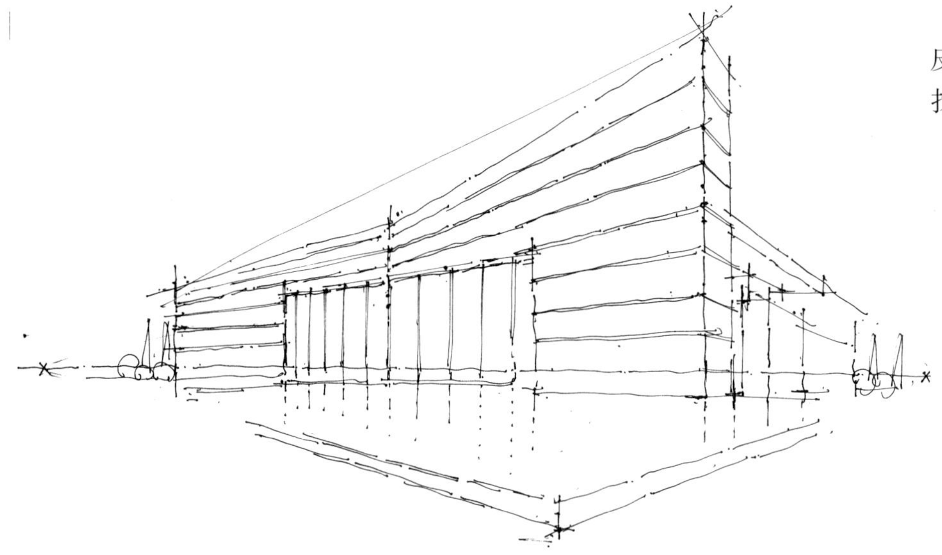

图 2-81　步骤 3

步骤 4：刻画建筑细节，并分析出每个部分之间的结构转折和阴影关系，在处理细化过程中一定要注意前实后虚、前密后疏（前面的线条排线密一点，远处稍为概括即可）的关系。（图 2-82）

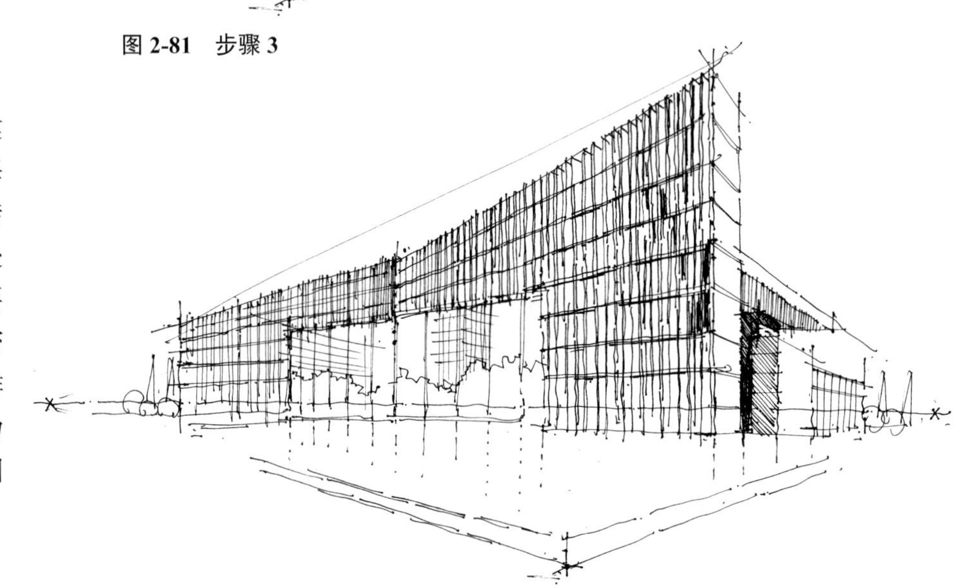

图 2-82　步骤 4

步骤 5：加强画面的黑白灰关系，抓住建筑空间的主要部位深入刻画，尤其是前面转折关系和建筑底部的水面的倒影关系，用水平线来表示水材质，力求做到靠近建筑边缘线密、远离建筑底部的线疏便可。（图 2-83）

图 2-83　步骤 5

步骤 6：利用灰色马克笔画出空间的明暗变化，笔触要整洁，并按照建筑形体方向运笔。（图 2-84）

图 2-84　步骤 6

步骤 7：用蓝灰色、草绿色马克笔刻画玻璃、草地和水面的颜色，注意水面的反射倒影效果，适当要留白。（图 2-85）

图 2-85　步骤 7

步骤 8：深入刻画空间，明确空间材质感，拉开空间进深关系，最后调整画面的明暗对比度。高光部分可以用高光笔提亮。（图 2-86）

图2-86 步骤8完成稿（陈立飞 作）

| 看一下局部的色彩处理 |

| 亮部处理 |

在处理受光面的时候，一般都是采用上浅下深的处理手法，在靠近底部处，有时可以适当加入彩铅。

| 反光玻璃的处理 |

反光玻璃就像一面镜子，可以把周围的树木反射进去，同时把灰度降低。而且不需要把树木画得很具象。

| 水的处理 |

处理水面的时候，我们的重点就是找到倒影的位置以及形状，水上面是亮的则底下也是亮的，如果上面是暗的那么底下也是暗的。同时我们需要用水平的马克笔笔触做出渐变的效果。

| 远处墙面的处理 |

由于墙体处于画面的远处，它的色调相对会比较暗，所以采用弱对比的处理手法，而且可以加入少许的蓝色，产生空间感。

| 玻璃窗框处理 |

由于玻璃幕墙反射天空的环境比较明显，所以我们在处理的时候，把玻璃窗框处理为深色，形成一个强烈的画面对比。

| 草地的处理 |

在处理草地的时候，我们需要考虑好它的光影效果，注意前面重到后面浅的深浅变化，并考虑前暖后冷的色彩关系。

2.5.3.2 范例二

1. 原照片分析（图 2-87）

（1）该建筑为不规则的形体，找不到明显的透视点，只需要找出视平线即可。

（2）坡地占的比例较大，不要画得过满。

（3）处理坡地时，需要主观把线稿部分增加起伏、节奏感。

图 2-87　原建筑照片

2. 步骤分析

步骤 1：首先画出建筑的顶部外轮廓，该建筑是不规则形体，需要找准它的方向倾斜线，运笔需要大胆肯定，不要拖泥带水。（图 2-88）

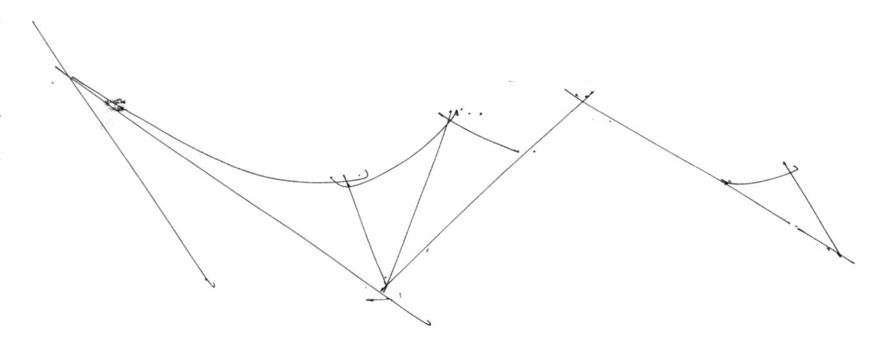

图 2-88　步骤 1

步骤 2：刻画建筑外表皮以及结构厚度，建立建筑以及坡地之间的空间关系。处理坡地的线条应该用慢线条，把草地的起伏感表现出来。（图 2-89）

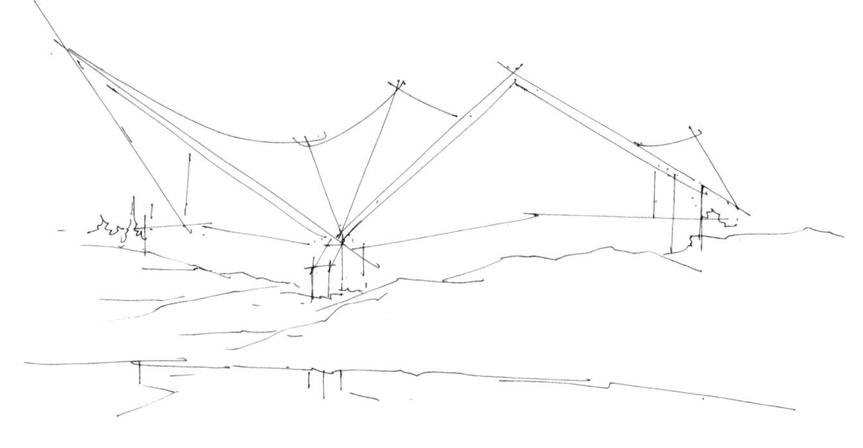

图 2-89　步骤 2

步骤 3：用灰色马克笔把建筑的明暗关系表达出来，用笔要大胆肯定。（图 2-90）

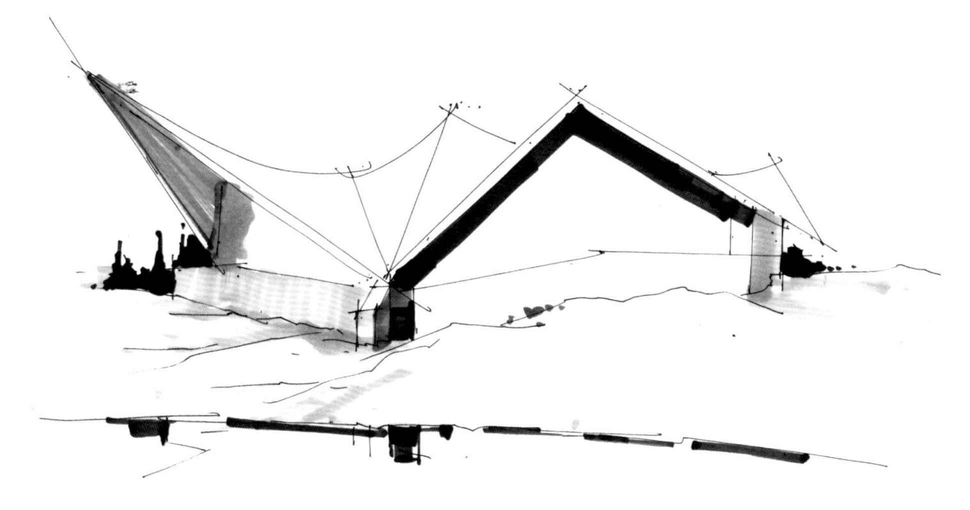

图 2-90　步骤 3

步骤 4：用灰绿色表示坡地，在运笔的时候跟着坡地的弧度方向画即可，要注意留白。（图 2-91）

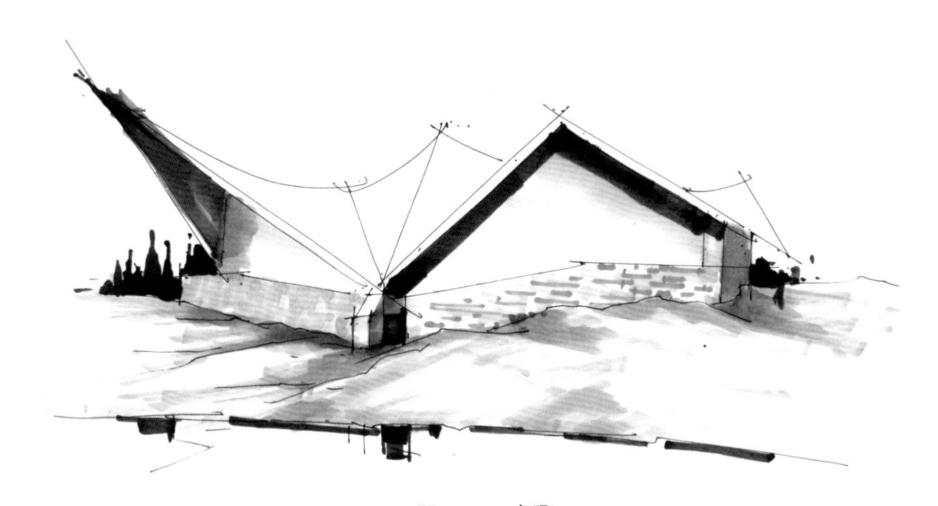

图 2-91　步骤 4

步骤 5：加强对建筑材质的质感表现，要注意玻璃反射，不能把玻璃画得太满，需要留白，同时用色粉笔沿着建筑顶部对天空进行刻画，靠近建筑的颜色深，反之颜色浅。（图 2-92）

图 2-92　步骤 5

步骤 6：深入刻画空间，明确空间的材质感，拉开画面中上和下、左与右的空间关系，加强转折处的明暗对比度。（图 2-93）

图 2-93　步骤 6 完成稿（陈立飞　作）

步骤 7：换一种表现形式会得到不同的效果。（图 2-94）

图 2-94　另外一个色调（陈立飞　作）

2.5.3.3　作品欣赏

很多人在临摹和写生过程中看到什么就画什么，完全不考虑抓住重点，觉得必须要画完全，这样理解是有误的。在这个阶段，只需要把基本的形体、比例、明暗关系以及基本的马克笔笔触掌握即可，细节没有必要要求太多。（图 2-95~ 图 2-110）

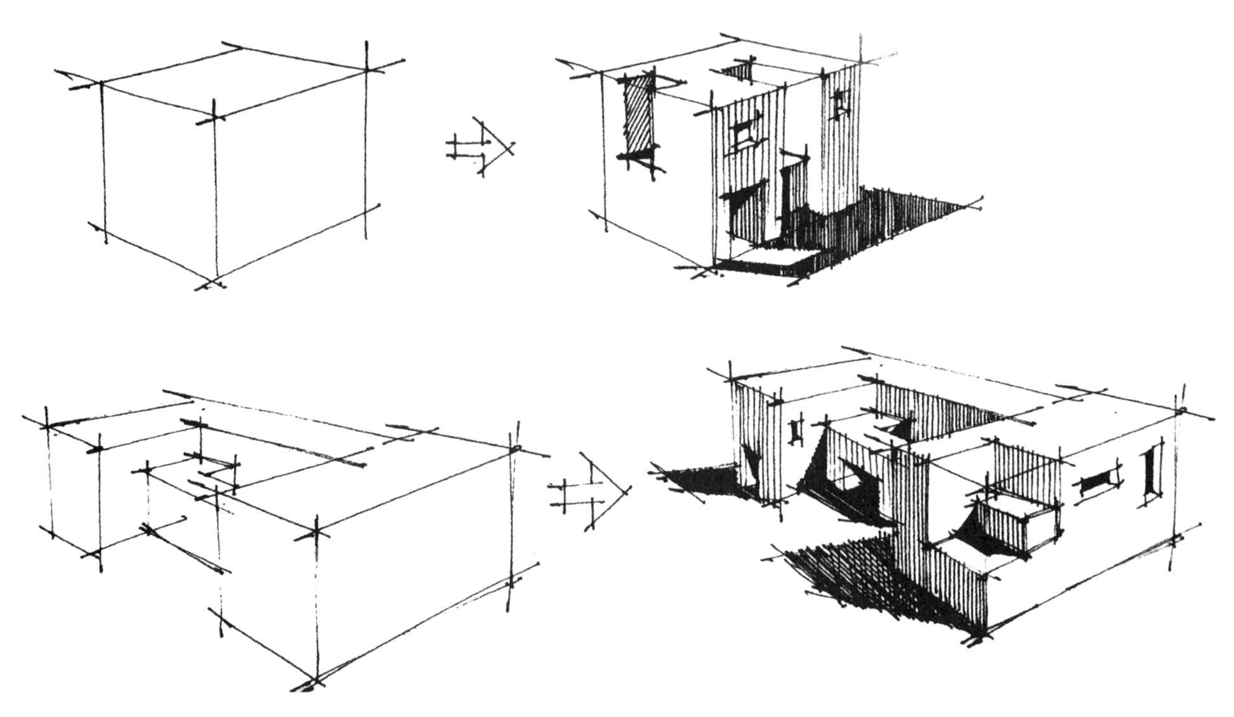

图 2-95　建筑单体表现范例一（李磊　作）

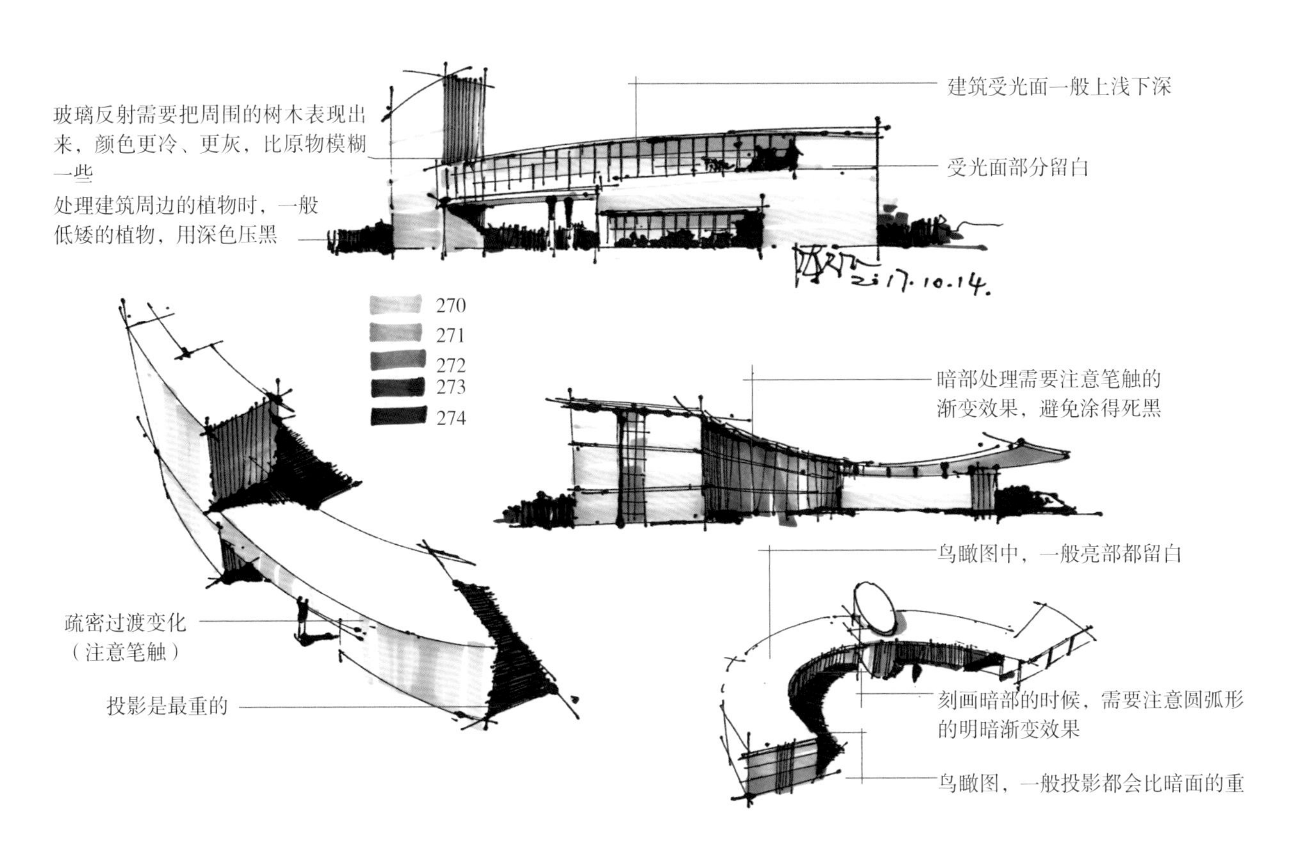

图 2-96　建筑单体表现范例二（陈立飞　作）

图 2-97　建筑单体表现范例三（陈立飞　作）

图 2-98　建筑单体表现范例四（陈立飞　作）

图 2-99　建筑单体表现范例五（陈立飞　作）

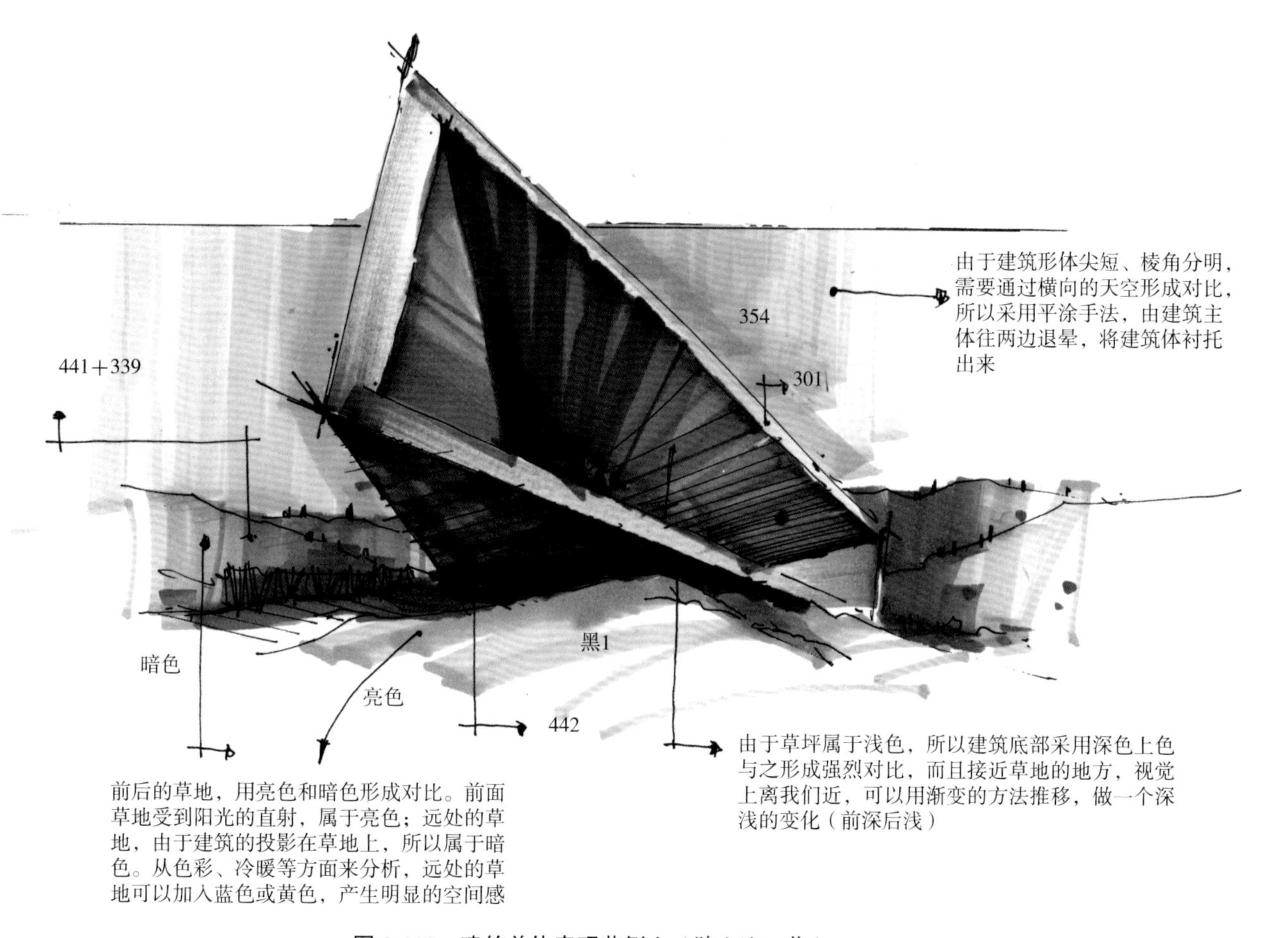

图 2-100　建筑单体表现范例六（陈立飞　作）

图 2-101　建筑单体表现范例七（陈立飞　作）

图 2-102　建筑单体表现范例八（陈立飞　作）

图 2-103　建筑单体表现范例九（小树　作）

图 2-104　建筑单体表现范例十（陈立飞　作）

图 2-105　建筑单体表现范例十一（陈立飞　作）

图 2-106　建筑单体表现范例十二（陈立飞　作）

图 2-107　建筑单体表现范例十三（陈立飞　作）

图 2-108　建筑单体表现范例十四（陈锐雄　作）

图 2-109　建筑单体表现范例十五（陈立飞　作）

图 2-110　建筑单体表现范例十六（陈立飞　作）

Improvement of Architectural Hand Painting

第 3 章　建筑手绘提高篇

3.1　建筑空间马克笔上色范例

3.1.1　范例一

关键点：掌握坡地建筑的画法。

步骤 1：利用虚线定位好画面的视平线和消失点，然后勾勒出建筑大体轮廓。（图 3-1）

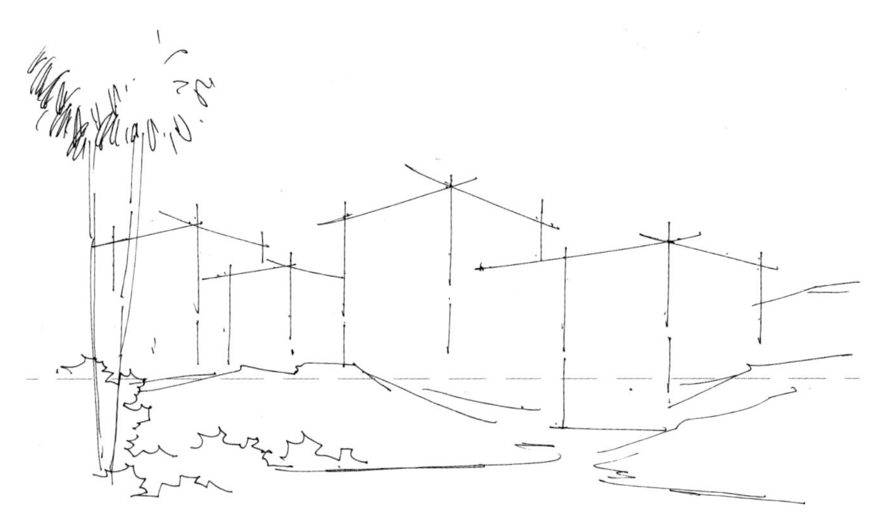

图 3-1　步骤 1

图 3-2　步骤 2

步骤 2：在轮廓的基础上细化建筑结构，注意形体的穿插关系；用折线在坡地概括出形体位置，不能用圆弧线画坡地。（图 3-2）

步骤 3：利用灰色马克笔画出空间的明暗变化，笔触要整洁，并按照建筑的形体方向运笔。（图 3-3）

图 3-3　步骤 3

步骤 4：利用黄绿色刻画出坡地材质的颜色，运笔要快，笔头要倾斜，这样可以营造出干枯的效果，利用橙色把墙体的固有颜色表达出来，亮部要适当留白。（图 3-4）

图 3-4　步骤 4

步骤 5：利用灰蓝色刻画出玻璃的材质颜色，注意受光面玻璃的笔触渐变感。（图 3-5）

图 3-5　步骤 5

步骤 6：深入刻画空间，加强明暗空间的材质对比，拉开画面的进深感，最后用色粉笔完成天空。（图 3-6）

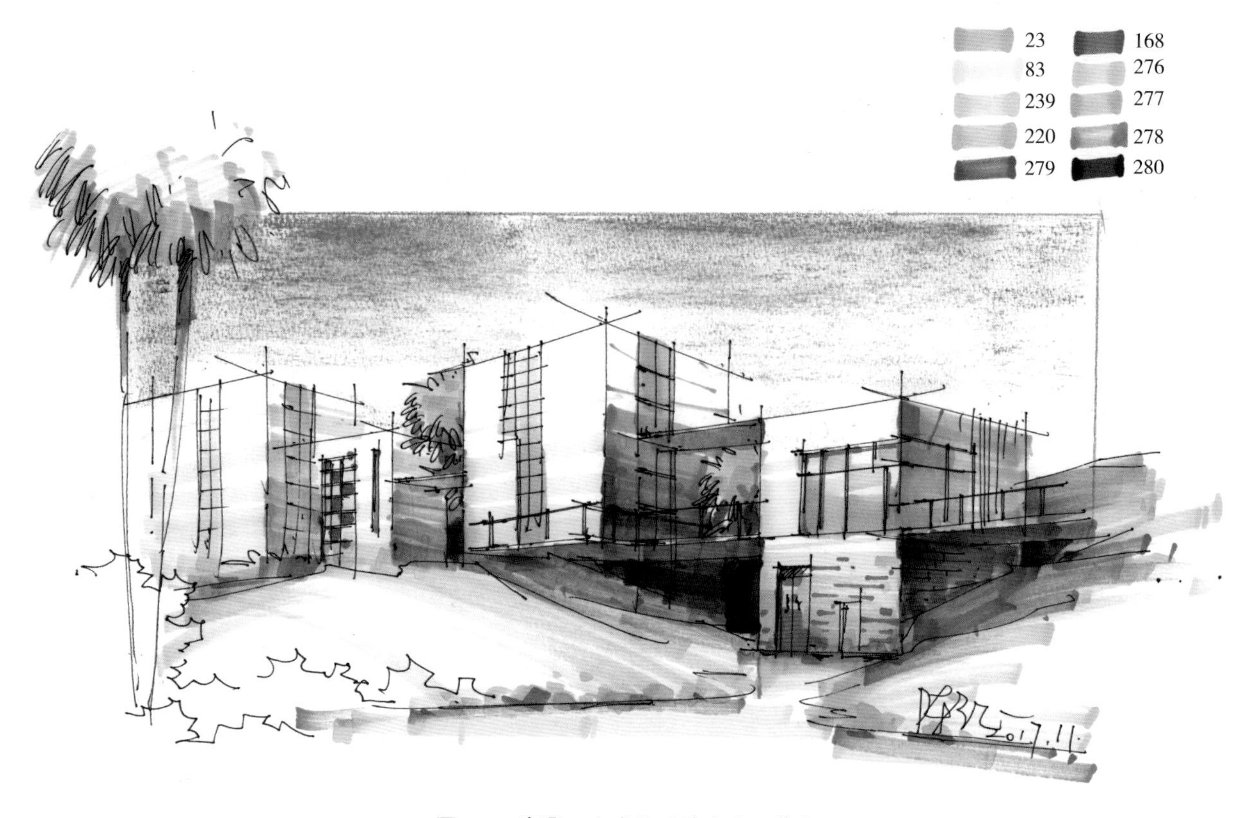

图 3-6　步骤 6 完成稿（陈立飞　作）

换一种表现形式会得到不同的效果。（图 3-7）

图 3-7　另外一个色调的效果（陈立飞　作）

| 看一下局部的色彩处理 |

| 亮部处理 |

在处理受光面的时候，我们一般都是采用上浅下深的处理手法，更重要的是受光面和背光面要有所区分。

| 草地的处理 |

首先笔触并不重要，重要的是要注意前面的亮、后面的暗。其次就是前面的鲜艳、后面的灰；再次就是前面的暖，后面的冷。遵循好这三点，就可以画好草地了。

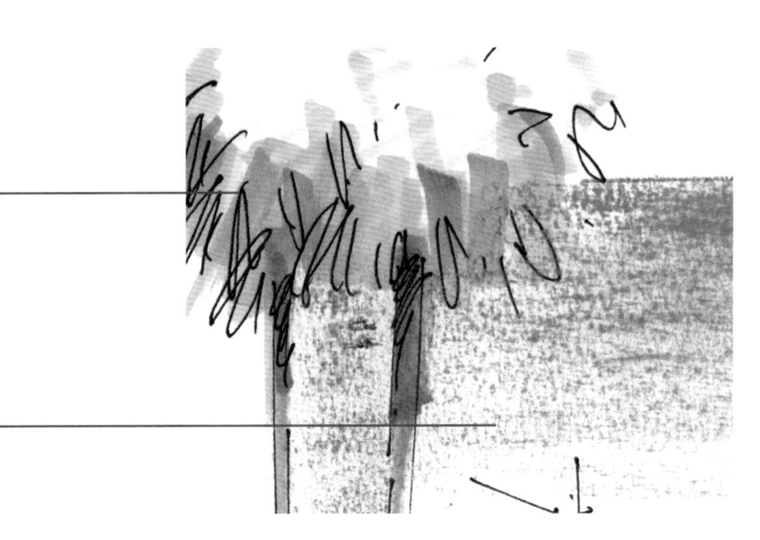

| 前景树的处理 |

由于该前景树是作为收边来处理的，所以对其亮部与暗部处理相对比较弱，即颜色相对比较接近。

| 天空处理 |

天空采用了色粉笔，把深浅分出几个层次，画面上方是深蓝，可以加一点紫色，下面变得柔和，地平线附近变成蓝灰。万一色粉笔不小心碰到了建筑，也不用怕，因为有橡皮可以擦，就放心的涂吧!

| 树木的处理 |

该树木位于建筑后面，不适宜画得太鲜艳，所以在上绿色前，先上一层灰色。

| 建筑墙面的处理 |

墙体首先要遵循上浅下深，再随机画几笔表示墙砖，同时也要考虑上宽下密的处理方式，这样才能形成一个光感的对比。

| 看一下局部的色彩处理 |

| 远处建筑的处理 |

有一句话叫作近实远虚，所以前景的建筑体属于强对比，则该处的建筑体属于弱对比，亮部和暗部不要反差太大即可。

| 远处玻璃处理 |

在处理远景玻璃的时候，首先要考虑的就是受光面和背光面的深浅对比，而在暗部玻璃色彩更为丰富，所以在玻璃处加入了黄绿色的环境色，让画面更协调。

| 坡地的处理 |

坡地更注重的是前后和起伏感，所以在画面中，采用了前亮后暗的处理，很多初学者没有注意到这一点。

| 签名的处理 |

签名的位置其实也是有所讲究的，不能乱签，要把姓名也融入画面当中，让其成为画面的一个部分，成为构图所需。

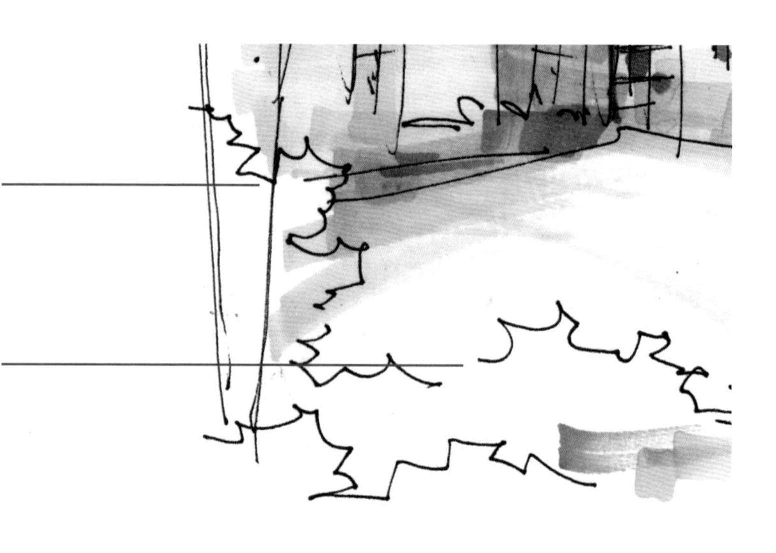

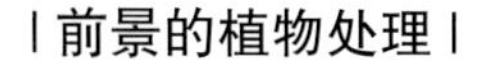

| 前景的植物处理 |

前景的植物是画面配角，所以在画的过程中，无论是线稿还是上色，都要点到为止，这样空间才会有一个明显的对比。

| 前景植物的层次关系 |

在前景植物中，该处通过线条相互压的处理方式，更好地把控了空间关系。

3.1.2　范例二

关键点：复杂肌理建筑的处理方法。

步骤1：用定点的方式先估计几条结构线的倾斜度，然后不断调整定点，使线条倾斜角度较为精确，用短线把形体连接起来。（图3-8）

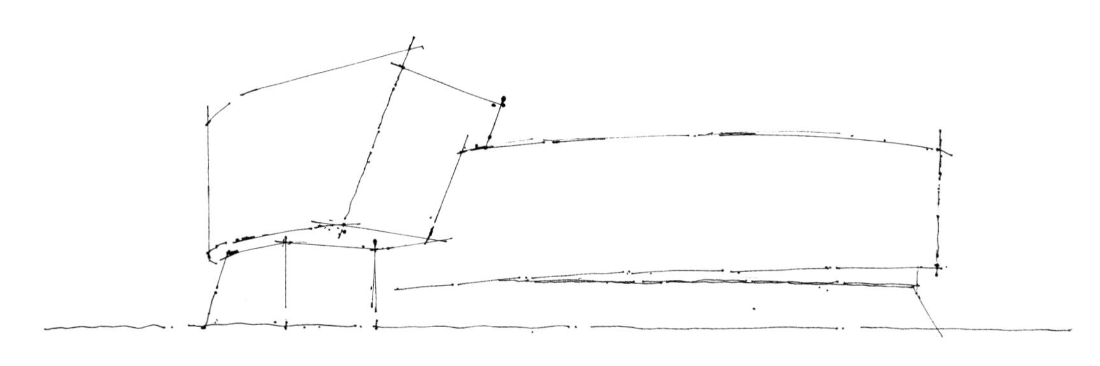

图3-8　步骤1

步骤2：在步骤1的基础上把玻璃结构完善，同时增加近景的配景人物表现，注意人头都需要在视平线上。（图3-9）

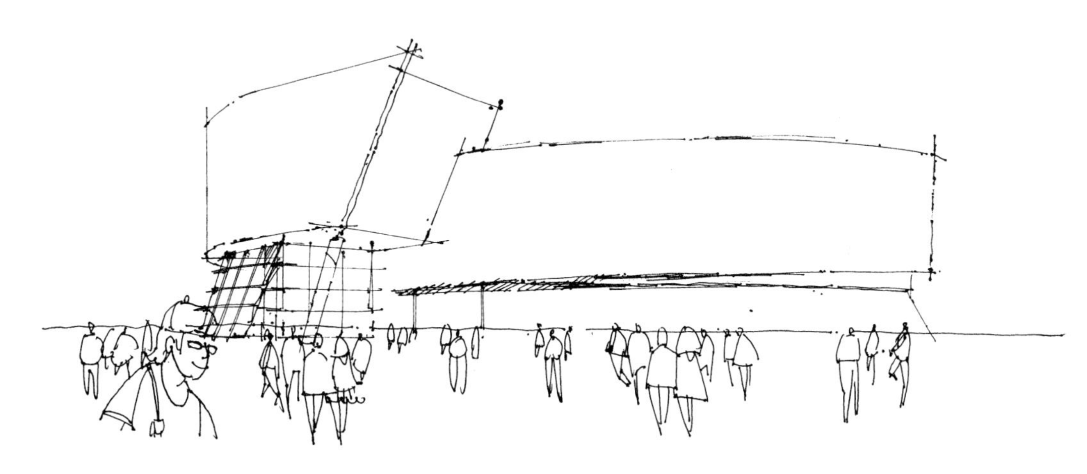

图3-9　步骤2

步骤3：将建筑立面肌理化，为了增加光感，在立面上注意留白，通过阴影表达，让画面的层次感增加，利用黑白灰层次的节奏，加强图面的疏密关系。（图3-10）

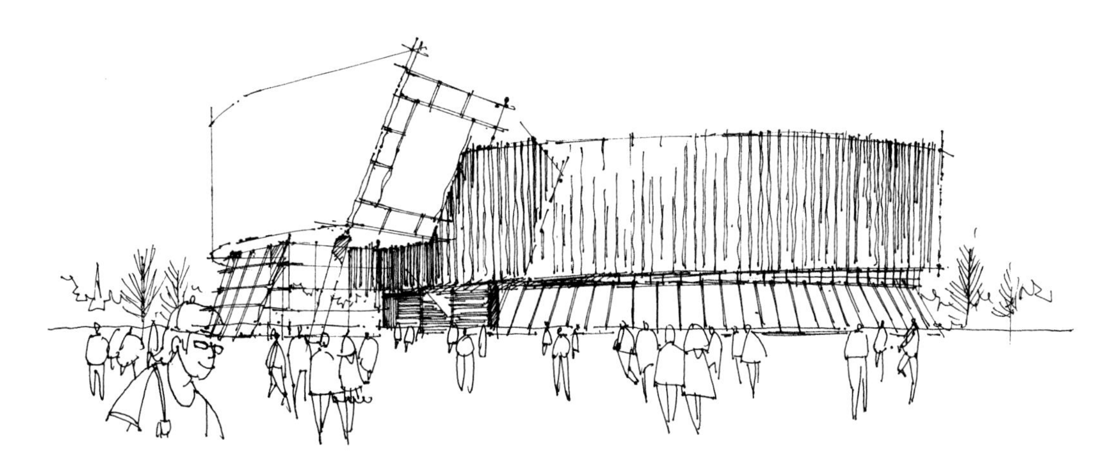

图3-10　步骤3

步骤 4：完善建筑立面并强调建筑立面明暗关系，加入小鸟让画面更加有生命力。（图 3-11）

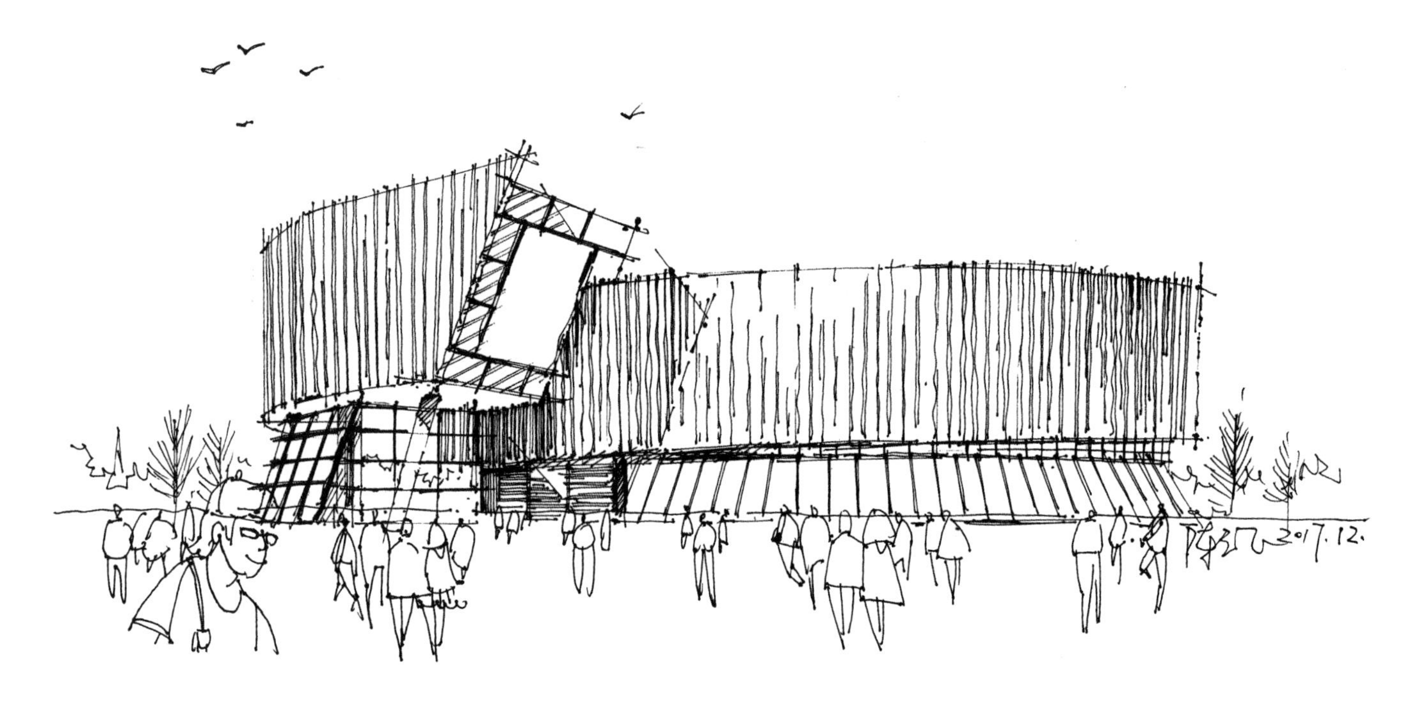

图 3-11　步骤 4

步骤 5: 用灰色马克笔把建筑暗部以及投影关系表达出来，注意投影比暗部还要重的层次关系表达。（图 3-12）

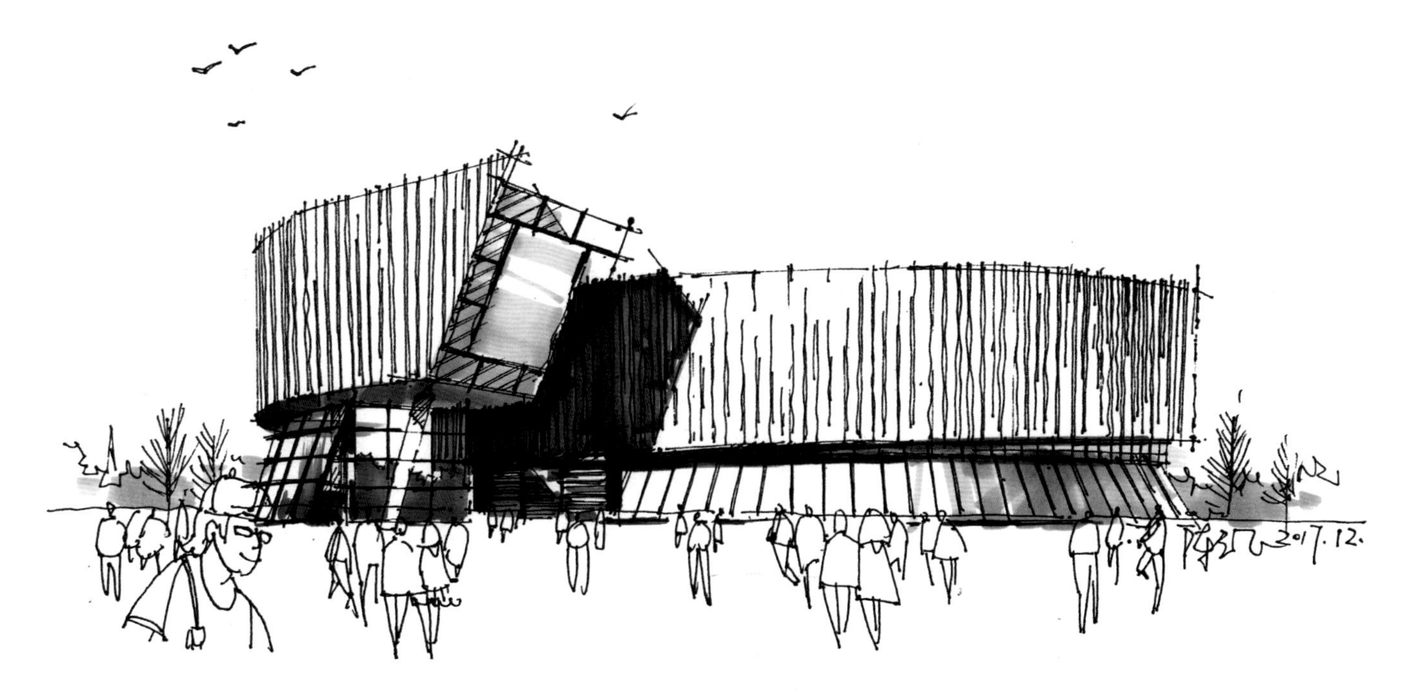

图 3-12　步骤 5

步骤 6：深入刻画建筑立面细节，立面的材质表达不能全部铺满，适当留白并注意马克笔渐变关系的表达。（图 3-13）

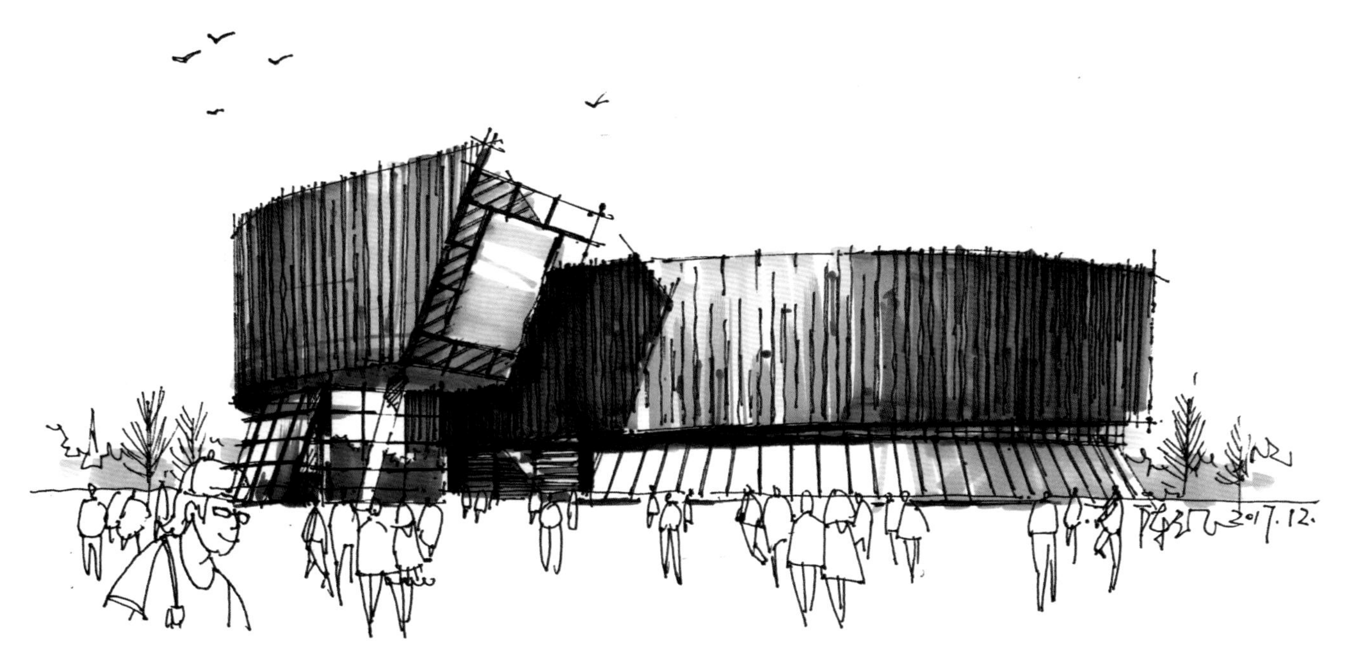

图 3-13　步骤 6

步骤 7：最后加深建筑形体暗部，深入刻画玻璃以及窗框，让玻璃产生光感对比，用色粉笔把天空画出，拉开建筑冷暖关系，用彩色铅笔把地面的空间感挤压出来，注意运笔方向以及速度。（图 3-14）

图 3-14　步骤 7 完成稿（陈立飞　作）

| 看一下局部的色彩处理 |

| 木材质的处理 |

画受光面的木材时要先考虑固有颜色的渐变关系，可以通过换笔的方式进行，适当在暗部与亮部加入彩色铅笔，让木材质的质感更明显。

| 玻璃处理 |

在画玻璃的时候，首先要考虑上和下的投影关系，还有玻璃窗框的黑色压边，最后再考虑色彩和光感。

| 天空的处理 |

天空用色粉笔进行表现，最主要的是控制好它的位置及深浅变化，如果不小心碰到了建筑体可以用橡皮擦掉。

| 明暗的区分 |

很多初学者会把这个面与左边的亮面混在一起，两者没有明显的区分，因为都被色彩所迷惑。注意一定要先区分亮部与暗部，然后再去添加彩色，画完后，还要检查一遍。

| 远景的植物处理 |

远景植物属于配角，用深灰色去压一下就可以了。

| 暗部中的玻璃 |

该处是一个难点，因为它处于暗部又有玻璃反射，所以首先要区分明暗，区分完之后再来考虑它的玻璃反射。

| 草地的刻画 |

在刻画草地的时候，一定要把握好它的进深感，前面亮后面暗，靠近建筑体的草地，用深色的彩色铅笔去压边，然后从建筑边缘渐变，人物当它不存在这样去处理就可以了。

3.1.3　范例三

关键点：复杂建筑的两点透视法，收边树的运用。

步骤 1：这幅作品借助尺规作图方法完成，算是一个两点透视图。在画透视的时候要注意消失点一定要在同一个视平线上。用签字笔和尺子把建筑的结构、透视和环境表现出来，远景的树木用马克笔压黑。（图 3-15）

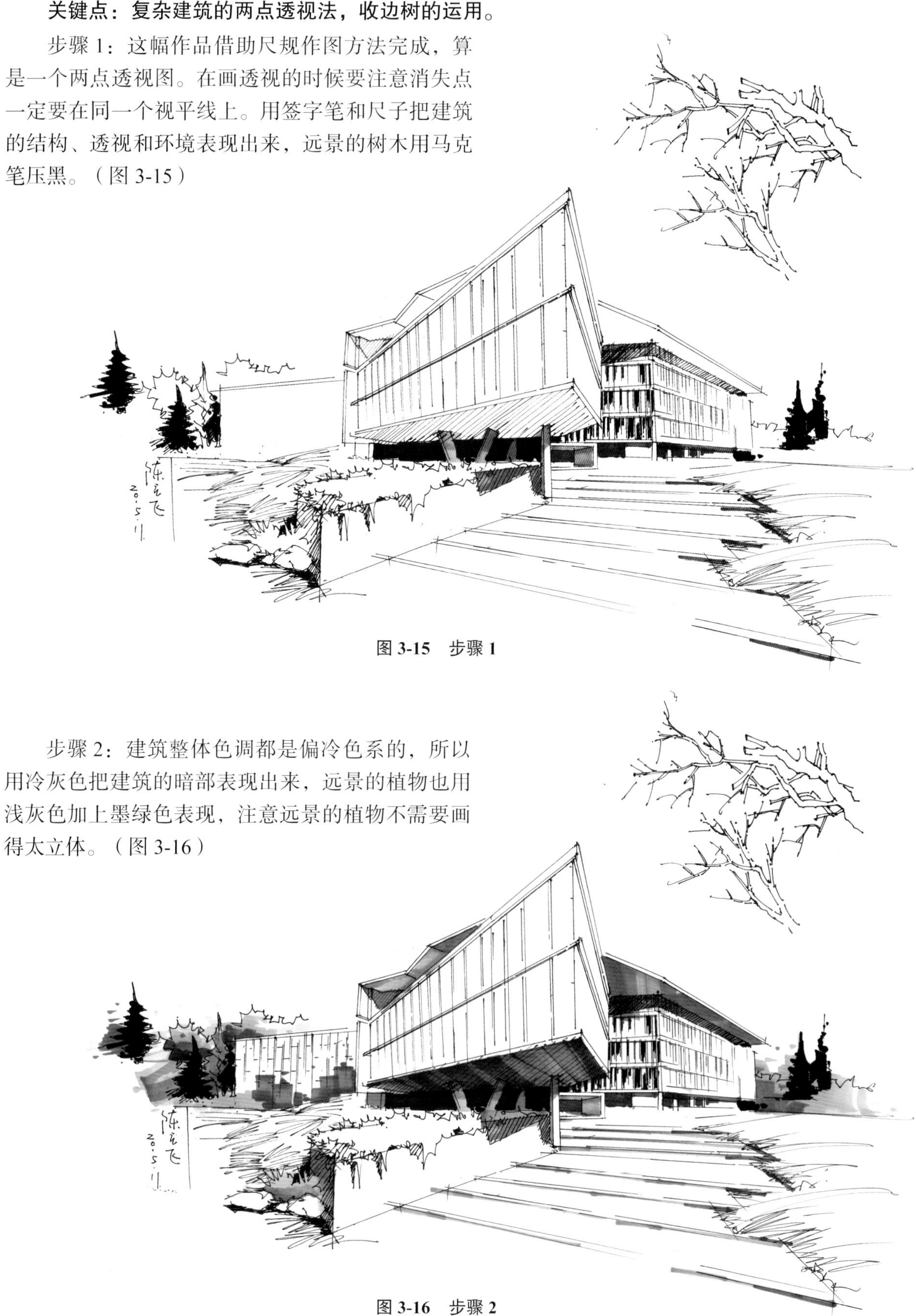

图 3-15　步骤 1

步骤 2：建筑整体色调都是偏冷色系的，所以用冷灰色把建筑的暗部表现出来，远景的植物也用浅灰色加上墨绿色表现，注意远景的植物不需要画得太立体。（图 3-16）

图 3-16　步骤 2

步骤 3：冷蓝灰色把建筑的玻璃表现出来，注意区分玻璃的两个面，再用浅蓝绿色把草地按照一定的弧度画出来，注意前浅后深。（图 3-17）

图 3-17　步骤 3

步骤 4：画阶梯时要按照透视方向排线，注意远景不能画得过深。等颜色干了之后，再用冷灰色以垂直方向的笔触刻画它的反光的质感。再用深灰色把阶梯的投影关系表现出来，不能一笔从头到尾画完，要注意对比关系。（图 3-18）

图 3-18　步骤 4

步骤 5：用彩色铅笔慢慢把天空的颜色画出来，在受光面用浅黄色画可以增加光感。（图 3-19）

图 3-19　步骤 5

步骤 6：继续深入把天空的层次感表现出来，注意挨近树干的地方加重颜色的对比，这样更加容易表现出空间感。然后进入调整阶段，注意建筑的前后、上下关系，用深灰色进行压深处理。最后用签字笔在天空边缘加一个外框增加画面的完整性。（图 3-20）

图 3-20　步骤 6 完成稿（陈立飞　作）

丨看一下局部的色彩处理丨

丨玻璃的反光处理丨

在刻画光面玻璃的时候，只要区分好亮部和暗部，再在亮部用浅色轻轻地画一层就够了。

丨玻璃的反射处理丨

该处主要是反射了周围的黄色，只需在玻璃画完之后再来加黄色就可以了。

丨地面的倒影处理丨

地面上的倒影只是为了增加地面的质感而已，用一些垂直线通过疏密结合的方式去表现即可。如果初学者画不垂直的话，可以辅助一下工具。

丨草地的刻画丨

在刻画草地的时候，首先要考虑明度推移，即从亮到暗的推移；其次考虑纯度推移，前面鲜艳后面灰；再次考虑冷暖关系，前面暖后面冷。通过这种方式，可以轻松地画出一个有进深感的草地。

| 看一下局部的色彩处理 |

| 天空的处理 |

用彩色铅笔去表现天空的时候，要采用上重下轻的手法，无论从上到下还是从左到右，都要有深浅变化和色彩变化。

| 云朵的处理 |

要考虑体积感、厚度感，该处运用彩色铅笔的手法去表现，勾勒出暗部以及反光即可。一定要注意把握整体感，画到一定的时候，需要站起来看画面的整体感。

| 远处坡地的处理 |

远处的坡地要考虑好色彩的冷暖关系，该处坡地的色彩相对偏冷，而且颜色偏灰。下笔的时候一定要快。

| 白色物体的处理 |

白色往往不是画出来的，而是衬托出来的。在这里，用深灰色，也就是周围的投影把白色的墙体烘托出来。画的时候笔触要整一点，不要过于零碎。

| 远处建筑的处理 |

远处的建筑从线稿上也画得比较少就是为了突出一个主体，上颜色的时候也画得少一点，而且偏冷色一些，这样的话会形成一个色彩冷暖和空间疏密的对比，突出建筑主体的转折面。

3.1.4 范例四

关键点：山林建筑空间环境的表现。

步骤 1：画出线稿。该建筑有很多个透视点，但其透视并不难抓。主要把握好建筑的比例。建筑从上到下可分为四个体块，只要把握好四个体块间的比例。然后通过排线刻画建筑的明暗关系，接着画建筑周围配景。注意：①阶梯的透视；②坡地线条要简洁，不宜过多；③建筑在山林中，配景刻画不要太单调，注意环境气氛的表现。（图 3-21）

图 3-21　步骤 1

步骤 2：确定该建筑以暖色调为主，用暖灰色区分建筑的明暗面。（图 3-22）

图 3-22　步骤 2

步骤 3：用冷灰色表现坡地，注意笔触要顺着坡地的角度。用绿灰色刻画前景植物。（图 3-23）

图 3-23　步骤 3

步骤 4：用绿灰色表现中景和远景植物还有坡地，远景植物刻画要概括，以加强画面的空间感。（图 3-24）

图 3-24　步骤 4

步骤 5：用蓝灰色表现建筑的玻璃材质，并在玻璃上加入橙黄色，以表现室内灯光的效果（玻璃的明暗面也要区分）。最后用蓝色刻画天空，刻画天空时注意建筑边缘的颜色要深一些，以烘托建筑。（图 3-25）

图 3-25 步骤 5 完成稿（陈立飞 作）

3.1.5　范例五

关键点：掌握鸟瞰图的表现技巧。

步骤 1：鸟瞰图线稿部分要注意比例和透视。鸟瞰图的透视亦不可忽视。近景刻画细致，远景概括表达。并通过排线区分建筑明暗面，注意渐变。（图 3-26）

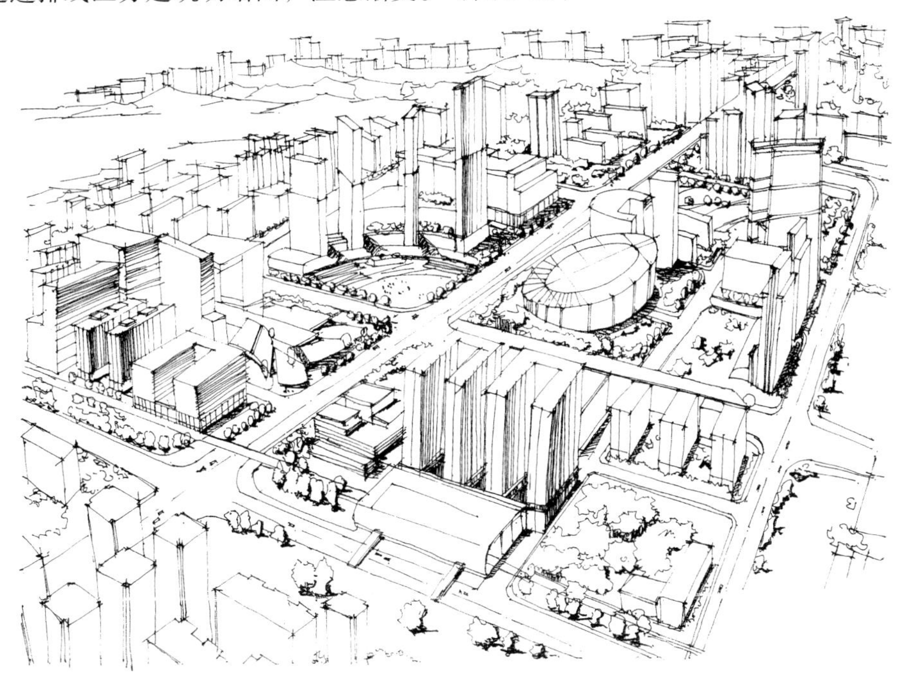

图 3-26　步骤 1

步骤 2：画面整体色调偏冷，用紫灰色在近景建筑的暗面排线，远景建筑不需要细致刻画，几笔带过即可。（图 3-27）

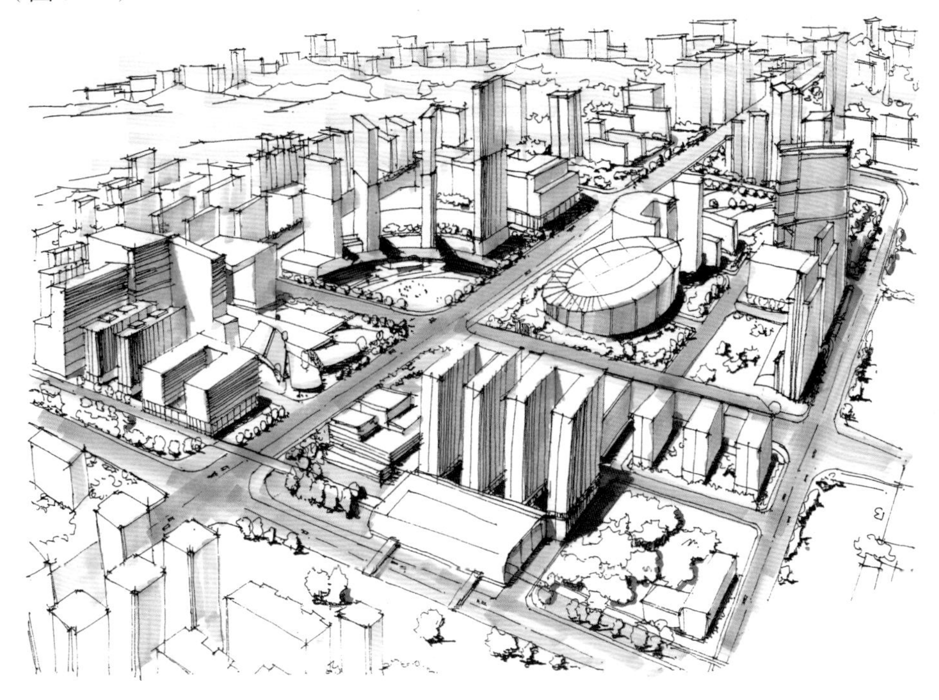

图 3-27　步骤 2

步骤 3：用草绿色平铺一层草地，注意笔触方向要随透视走。（图 3-28）

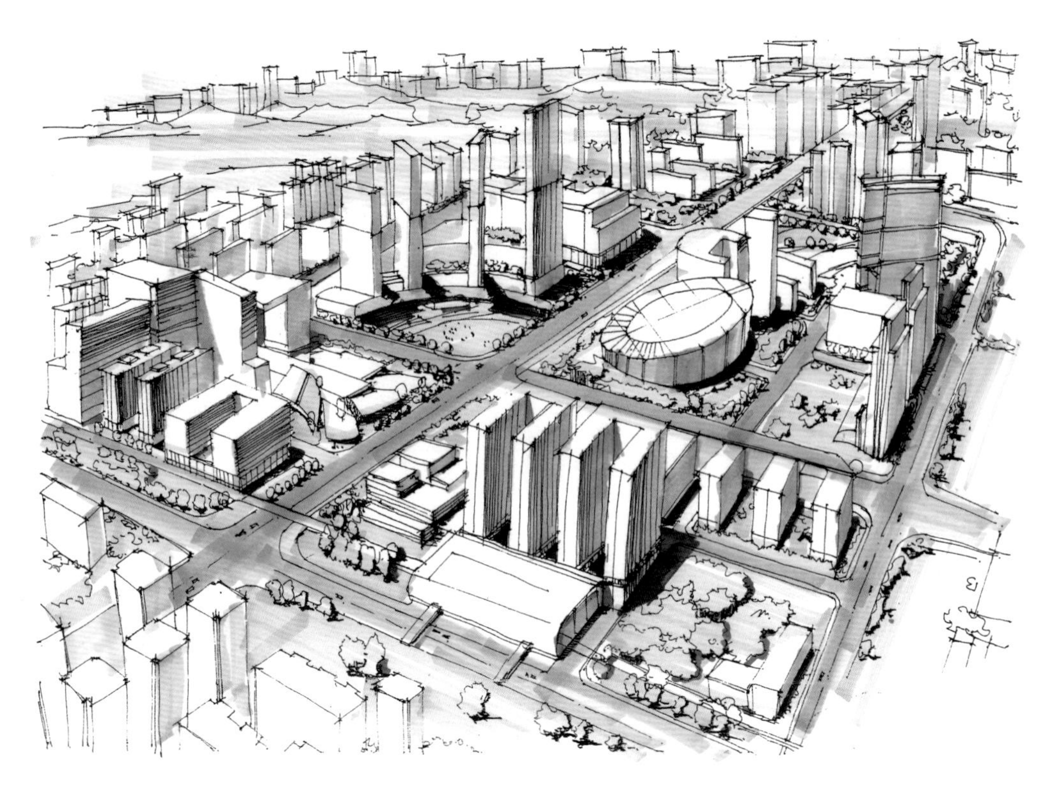

图 3-28 步骤 3

步骤 4：上建筑的固有色，用蓝色画出建筑玻璃质感，笔触可从建筑底部往顶部方向飞笔，这样靠近地面比较实，高处虚。用较深的绿色加深树木底部，塑造树木的立体感。（图 3-29）

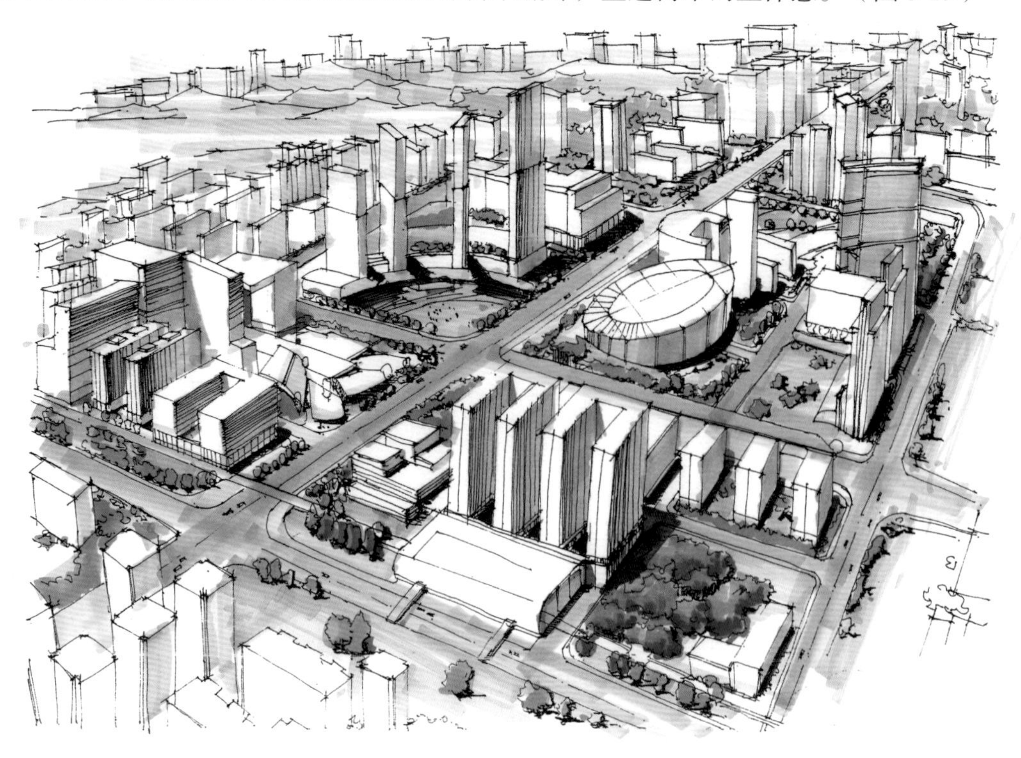

图 3-29 步骤 4

步骤 5：最后用中灰色表现道路，注意近实远虚，采用飞笔的方法。湖蓝色表现远处的水体，画水时要水平排线。最后用黄色和橙黄色在远景处加几笔，以表现黄昏的效果。（图 3-30）

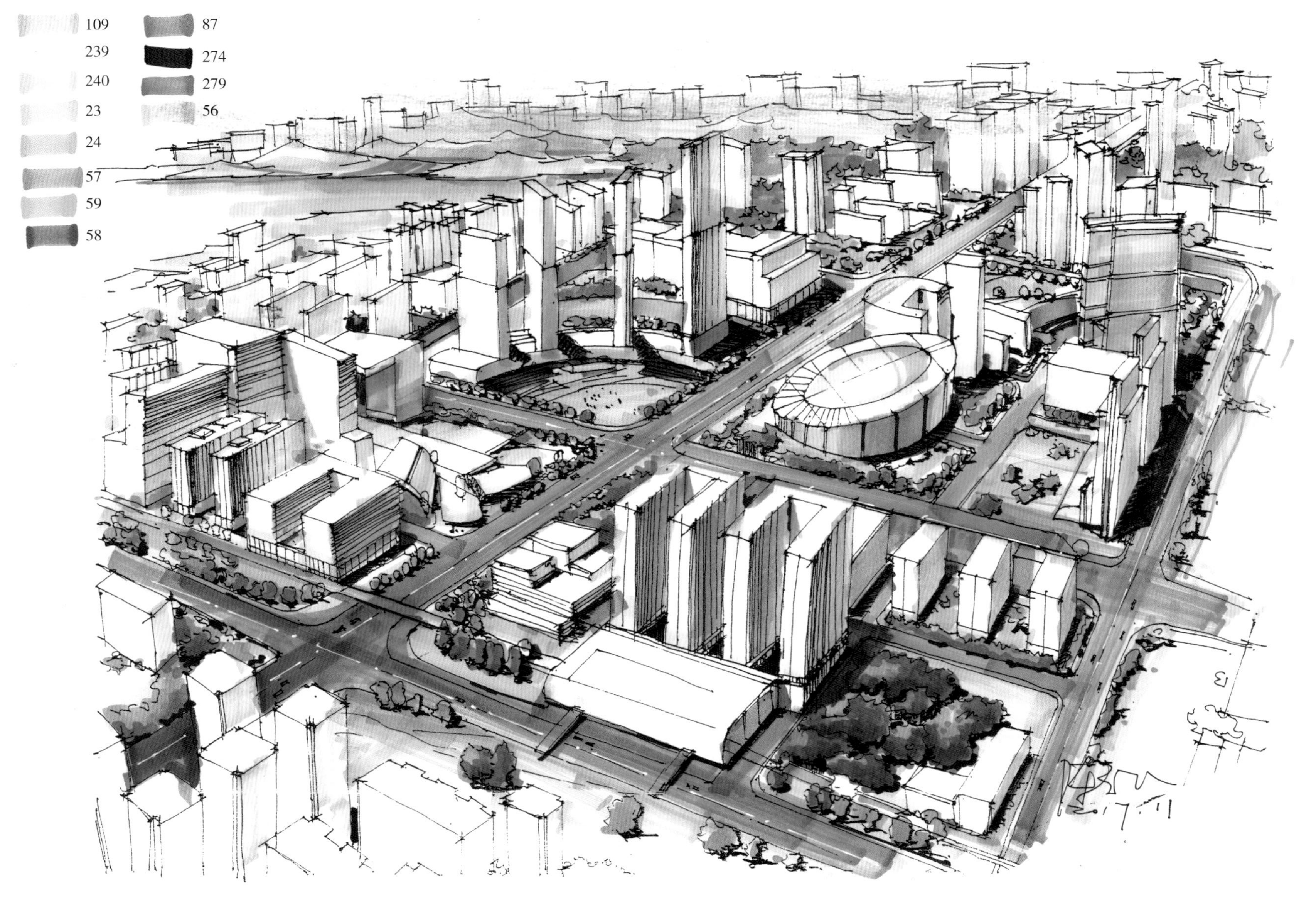

图3-30 步骤5完成稿（陈立飞 作）

3.1.6 作品欣赏

以下的手绘图都采用了马克笔上色。从色彩的角度来看，这些都是有品位的灰色调，有些色彩艳丽，不管是采用什么样的色彩，目的就是为了突出建筑的材质、光感和场景氛围。在笔触方面都是干脆利落，不拖泥带水，在光影方面都是非常概括肯定的，建筑受光面有些是大胆留白的，暗部敢于加重但能区分细节的变化，做到这样的才算是好的作品。（图 3-31~ 图 3-42）

图 3-31 作品欣赏（一）（邱永发 作）

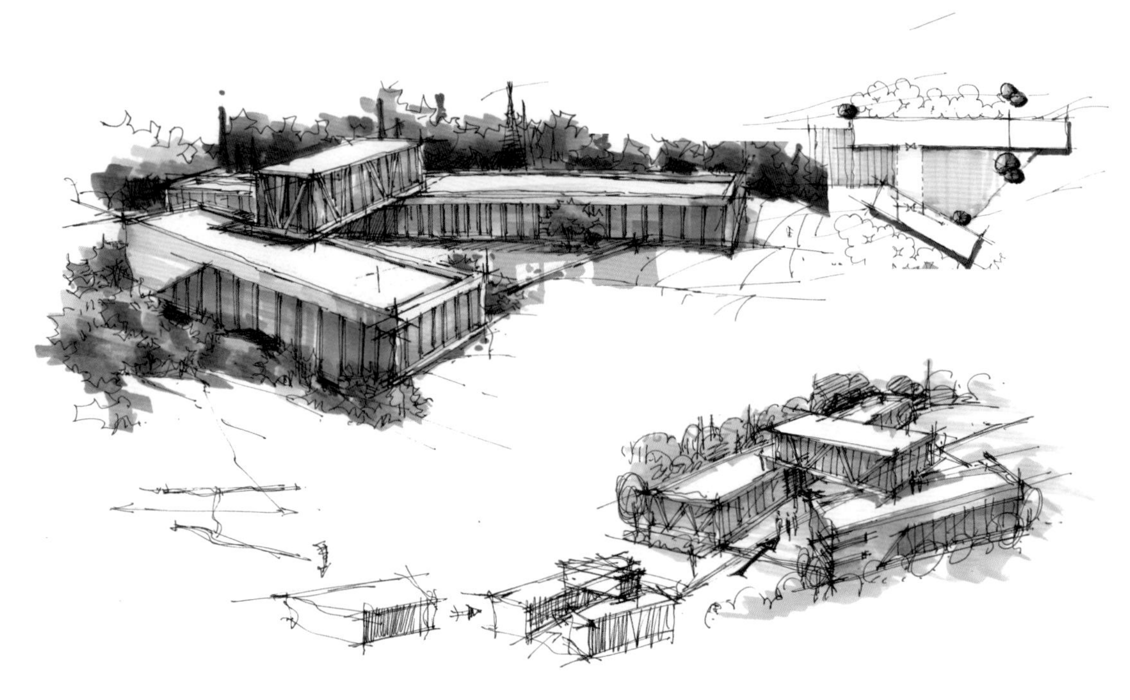

图 3-32 作品欣赏（二）（赖翔 作）

图 3-33　作品欣赏（三）（陈立飞　作）

图 3-34　作品欣赏（四）（李磊　作）

图 3-35　作品欣赏（五）（李磊　作）

图 3-36　作品欣赏（六）（李磊　作）

图 3-37　作品欣赏（七）（李磊　作）

图 3-38　作品欣赏（八）（陈立飞　作）

| 玻璃处理 |

在画玻璃的时候，首先要考虑它的上和下的投影关系，还有玻璃窗框的黑色压边，最后才要考虑色彩和光感。

| 大面积的暗部处理 |

在画这个屋顶的时候有很多初学者都会画得很亮。这是一个很严重的错误，一定要谨慎它属于暗部。

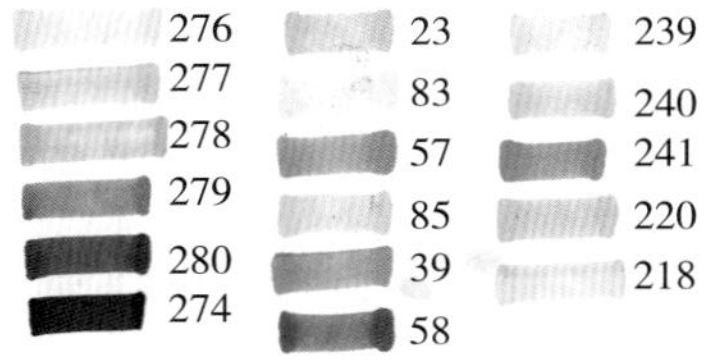

276 277 278 279 280 274

23 83 57 85 39 58

239 240 241 220 218

| 暗部中的玻璃 |

该处是一个难点，因为它处于暗部又需要处理玻璃反射，所以首先要区分明暗，再考虑反射。

| 远景的植物处理 |

边缘的远景植物属于配角，用深灰色去压就可以了。

| 地板的刻画 |

在画木地板的投影和倒影的时候，首先要考虑好它周边的投影，再来考虑它上面的一些倒影关系。如果它上面是亮的，那么底下是亮的，如果上面是暗的，那么它也是暗的。

图 3-39　作品欣赏（九）（陈立飞　作）

图 3-40　换另外一个色调又是另外一个感觉

图 3-41　作品欣赏（十）（陈立飞　作）

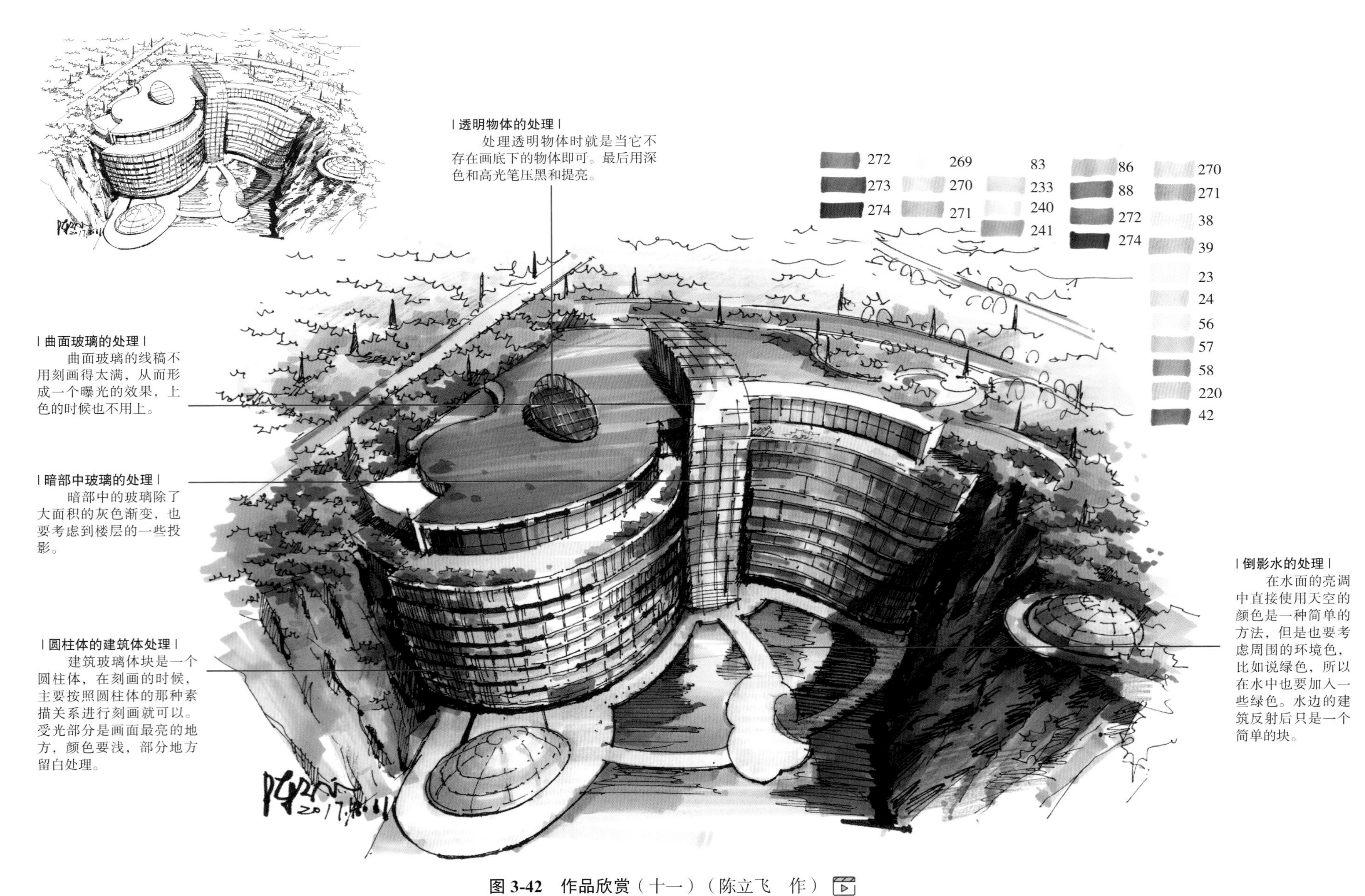

| 透明物体的处理 |

处理透明物体时就是当它不存在画底下的物体即可。最后用深色和高光笔压黑和提亮。

| 曲面玻璃的处理 |

曲面玻璃的线稿不用刻画得太满，从而形成一个曝光的效果，上色的时候也不用上。

| 暗部中玻璃的处理 |

暗部中的玻璃除了大面积的灰色渐变，也要考虑到楼层的一些投影。

| 圆柱体的建筑体处理 |

建筑玻璃体块是一个圆柱体，在刻画的时候，主要按照圆柱体的那种素描关系进行刻画就可以。受光部分是画面最亮的地方，颜色要浅，部分地方留白处理。

| 倒影水的处理 |

在水面的亮调中直接使用天空的颜色是一种简单的方法，但是也要考虑周围的环境色，比如说绿色，所以在水中也要加入一些绿色。水边的建筑反射后只是一个简单的块。

图 3-42　作品欣赏（十一）（陈立飞　作）

3.2　建筑空间照片写生范例

3.2.1　范例一

1. 原照片分析（图 3-43）

图 3-43　原照片

（1）原照片中的建筑是一个比较规矩的两点透视体块，透视感强烈、光影关系明显。

（2）配景树木略显不雅，需要更换。

（3）右边远处建筑略显突兀，可以省略不画。

2. 线稿步骤分析

步骤 1：在整张纸的三分之一处折纸，在纸张边缘定好两个消失点，用断线画出水平线表示视平线；把建筑外轮廓按照消失点画出，不要急于刻画细部。（图 3-44）

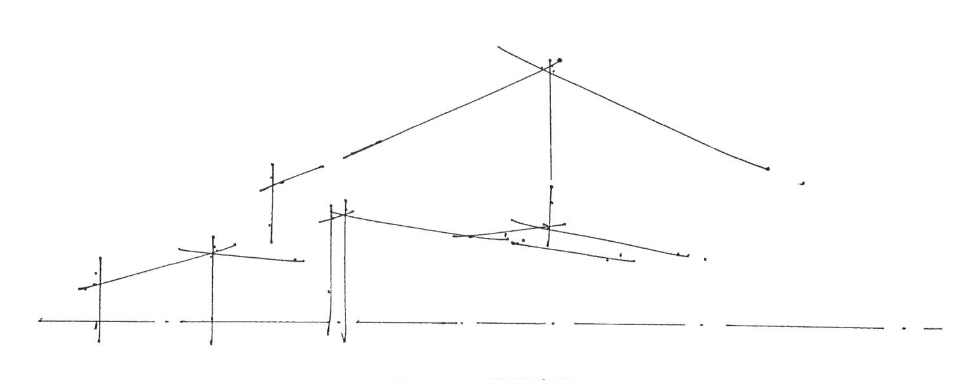

图 3-44　线稿步骤 1

步骤 2：细化建筑体块大关系，不要立刻把建筑底部画出来。（图 3-45）

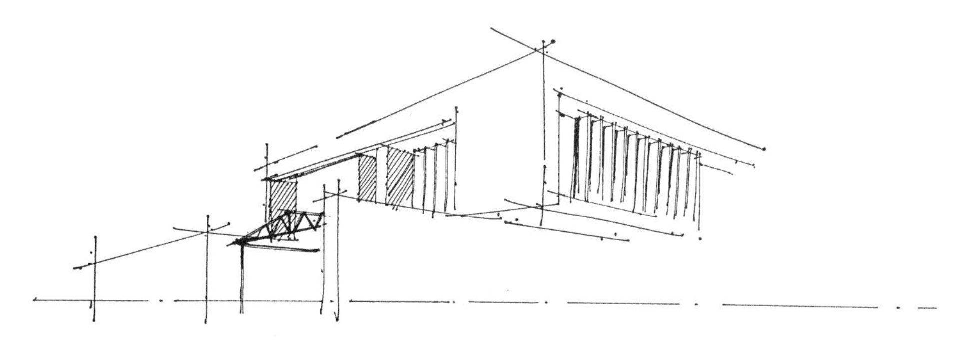

图 3-45　线稿步骤 2

步骤 3：把右边地面的植物以及树木画出，画植物的时候，需要以组团的方式去画，同时完善建筑地面以及建筑底部的结构线。（图 3-46）

图 3-46　线稿步骤 3

步骤 4：深入刻画画面左边的远景植物以及建筑物，用排线方式衬托出明暗调子，最后添加人物。注意人物的摆放、疏密关系以及人头的位置放到视平线处。（图 3-47）

图 3-47　线稿步骤 4 完成稿（陈立飞　作）

3. 马克笔上色方案一步骤分析

步骤 1：马克笔开始着色，用灰色马克笔把建筑的光影以及明暗关系表达出来。（图 3-48）

图 3-48　上色方案一步骤 1

步骤 2: 用浅黄绿色马克笔把植物的立体感塑造出来, 同时用木色系的马克笔把木质结构表达出来。（图 3-49）

图 3-49　上色方案一步骤 2

步骤 3：深入调整画面，梳理物体之间的前后、上下关系，强调画面的整体感，完成画面。特别注意在远处不能用鲜艳的颜色表达。（图 3-50）

图 3-50　上色方案一步骤 3

4. 马克笔上色方案二步骤分析

图 3-51　上色方案二

| 看一下局部的色彩处理 |

| 暗部投影的处理 |

在画暗部中的一些投影的时候，一定要考虑好，它并不是黑色的，而是深灰色，而且不应画得过满，一定要有所渐变。深灰色的墙体主要是为了烘托植物。

| 远景植物的处理 |

在画远景植物的时候，线稿和上色都应简单、概括，用最简练的笔触和色彩去点一下就可以了。

| 远景建筑的屋顶处理 |

在画远景建筑物屋顶的时候，不能用太纯的固有颜色去画，一定要先加一层灰色再画固有颜色，或者画完固有颜色再画灰色，目的也是为了把空间推后。

| 人物的处理 |

在画地上的人物或者地上的投影时，可以完全把人物忽略掉，最后可以用涂改液把它点缀提亮。

| 木栅格的处理 |

在画木栅格的时候一定要考虑好近实远虚的关系，近的地方对比比较强烈，远的地方相对比较弱。

| 签名的处理 |

签名的位置不能乱签的，一定要融进去整个画面当中，成为构图的一部分。

| 暗部墙体的刻画 |

暗部的墙体不能涂得过满，一定要运用有所渐变的笔触，这样画面才不会太闷，同时也可以节省时间。

| 远景树木的处理 |

画远景植物的时候，注意明度不能太高，颜色要偏冷，纯度要较低。

3.2.2　范例二

1. 原照片分析（图 3-52）

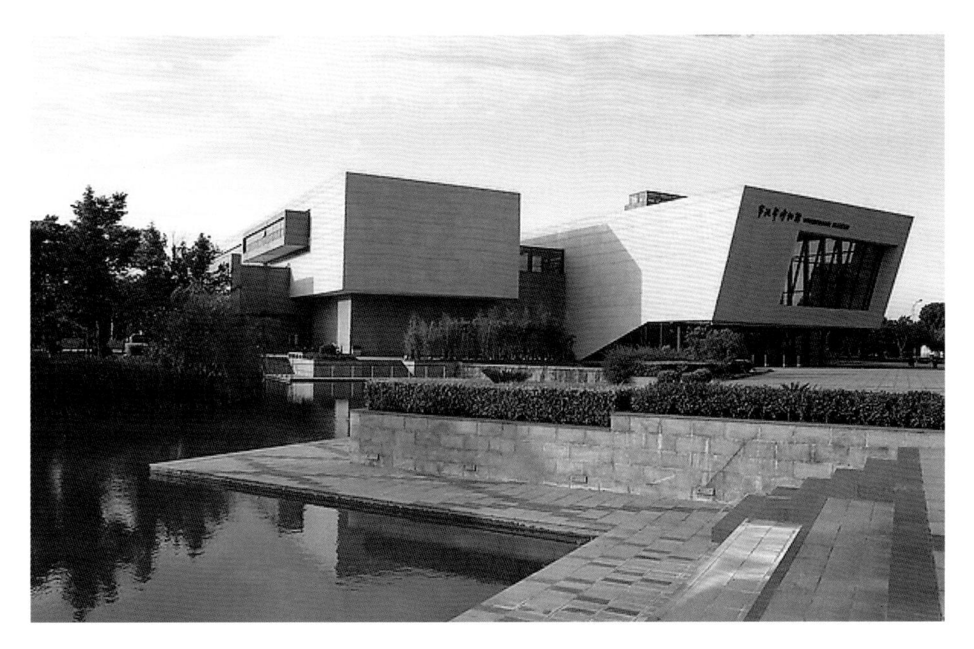

图 3-52　原照片

（1）原建筑是宁波帮博物馆，是两点透视的空间，透视感不够强烈，消失点比较远，所以透视需要主观调整以及处理。

（2）地面线条较多，需要主观小调整透视。

（3）大片植物颜色比较暗以及水面需要主观调整。

2. 线稿步骤分析

步骤 1：在整张纸一半位置以下处折纸，用断线画出水平线表示视平线。根据目测透视法，把建筑外轮廓画出。（图 3-53）

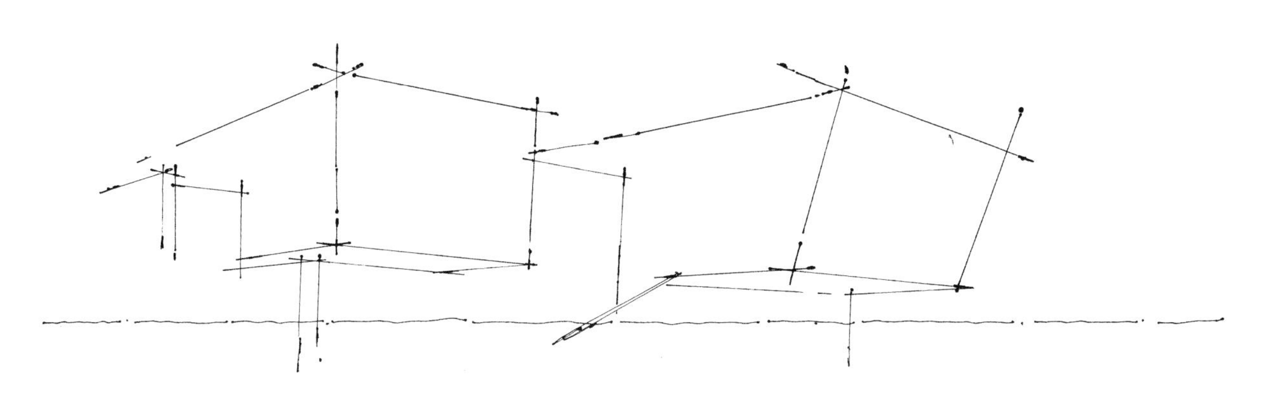

图 3-53　线稿步骤 1

步骤 2：细化建筑体块大关系：把地面以及建筑底部位置确定，不需要完全勾死位置，方便小调整。（图 3-54）

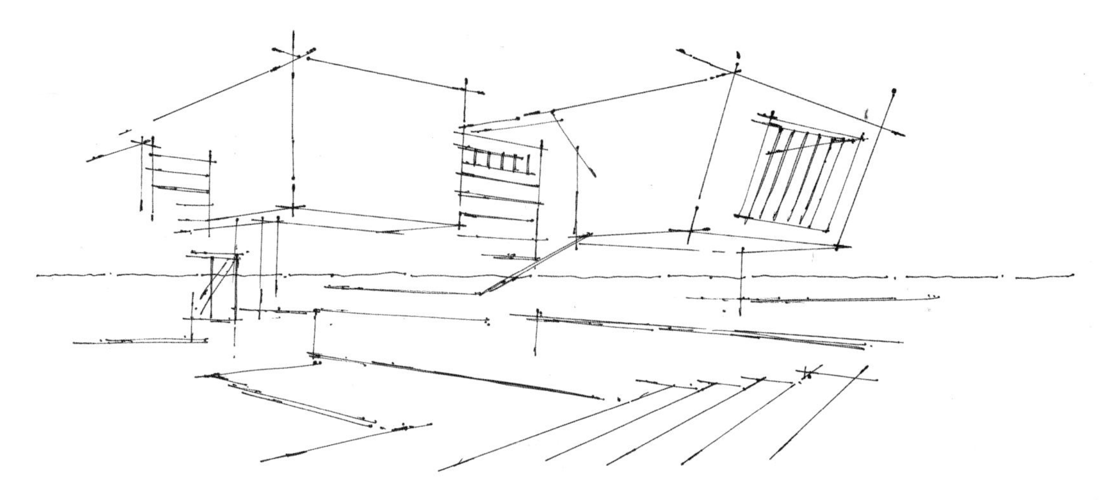

图 3-54　线稿步骤 2

步骤 3：添加建筑周围的配景植物。（图 3-55）

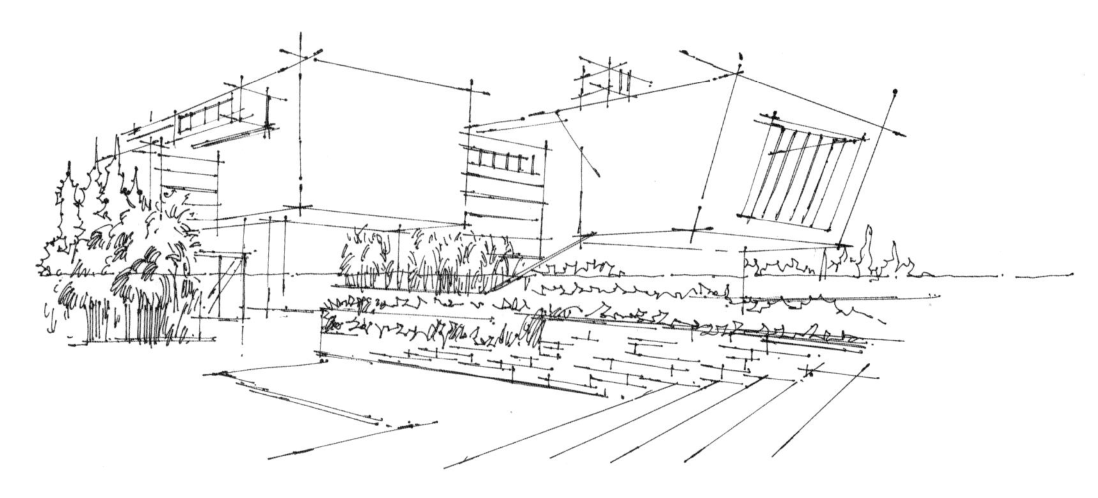

图 3-55　线稿步骤 3

步骤 4：锁定光源，用排线方式把建筑的前后以及左右关系衬托出来。（图 3-56）

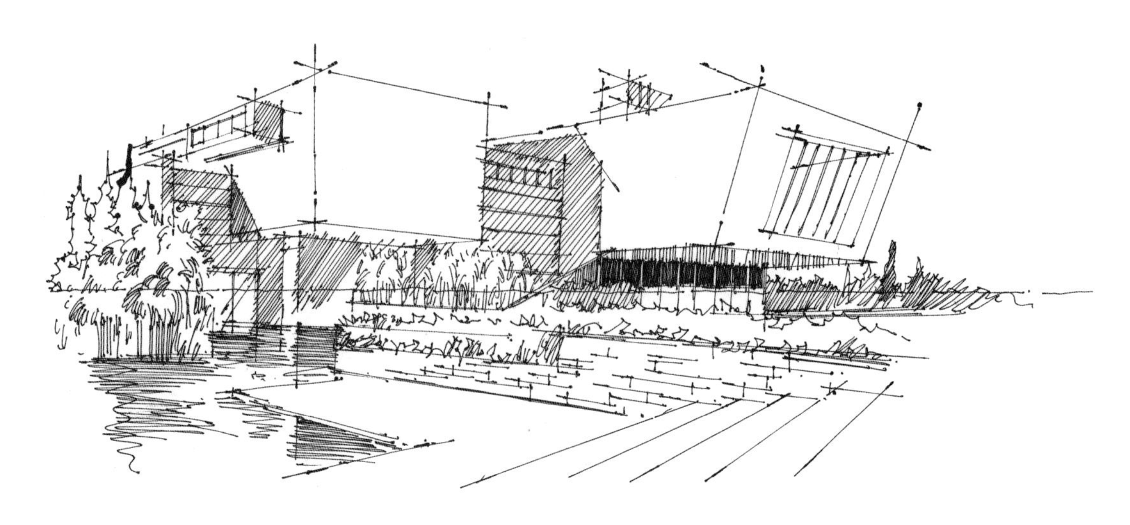

图 3-56　线稿步骤 4

步骤 5：用黑色马克笔或者美工笔，把画面中的深色均衡，深入画面的结构，强调出明暗调子。（图 3-57）

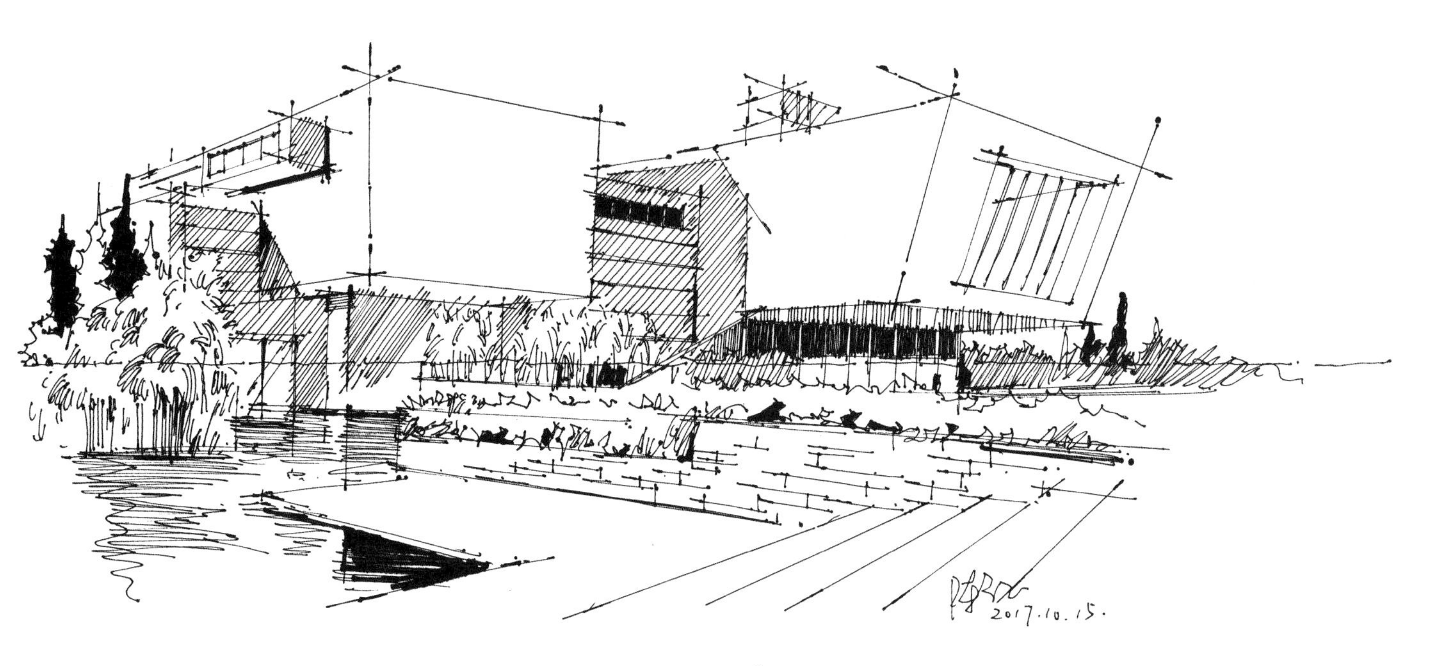

图 3-57　线稿步骤 5

3. 马克笔上色方案一（偏灰色系）步骤分析

步骤 1：用灰色系把画面中的明暗关系表达出来，注意投影的颜色稍深。（图 3-58）

图 3-58　上色方案一步骤 1

步骤 2：用青绿色把画面中植物、木材质和玻璃材质的固有颜色表达出来。（图 3-59）

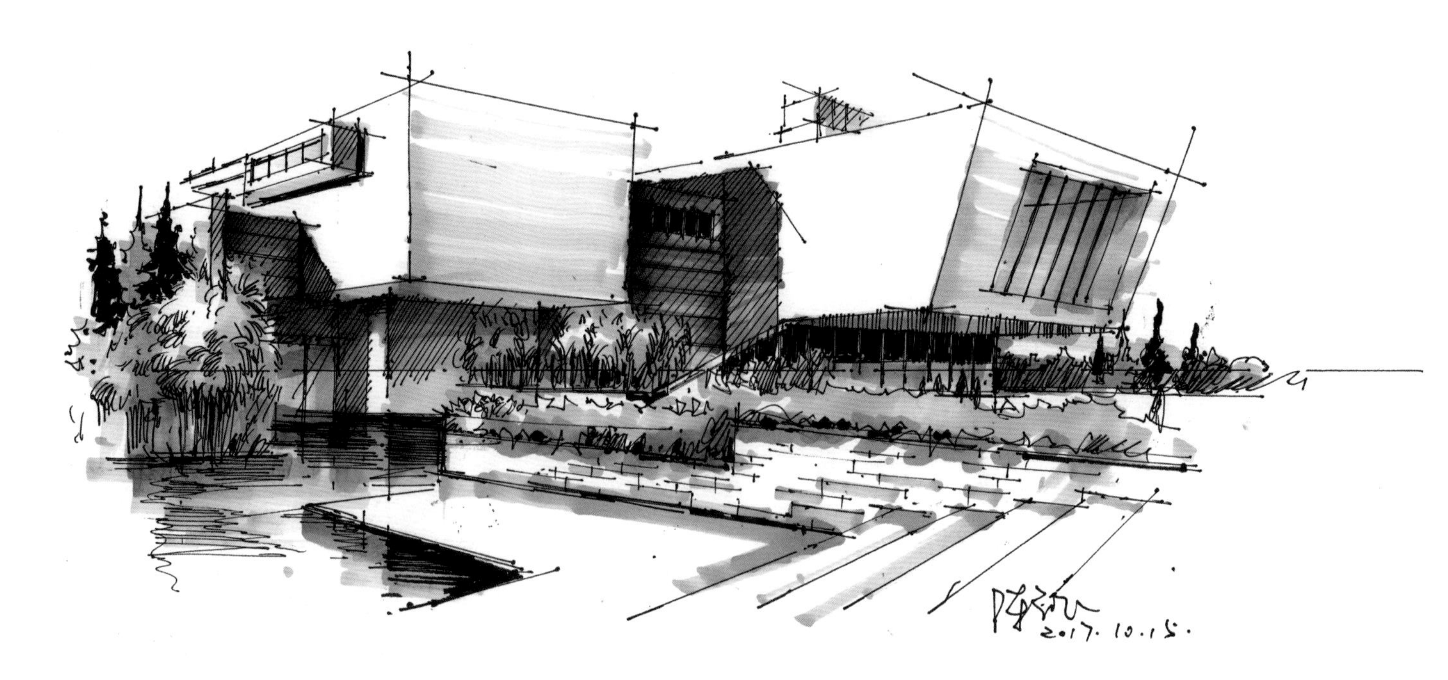

图 3-59　上色方案一步骤 2

步骤 3：用浅蓝色把水景表现出来，同时植物的暗部也需要添加蓝色，让画面增加冷暖对比。（图 3-60）

图 3-60　上色方案一步骤 3

步骤 4：最后调整整体画面的素描关系，以及色彩之间的联系，请注意色彩不能孤立存在。（图 3-61）

图 3-61　上色方案一步骤 4

4. 马克笔上色方案二（色彩对比强烈）步骤分析

步骤 1：与方案一同理，用灰色系把画面中的黑白灰关系表达出来。（图 3-62）

图 3-62　上色方案二步骤 1

步骤 2：与方案一不同的是，采用更强烈的明暗对比关系，大胆加深暗部颜色。（图 3-63）

图 3-63　上色方案二步骤 2

步骤 3：将偏暖的绿色植物的固有颜色表达出来后再加深暗部，另外把木材质、玻璃材质固有颜色表达出来。最后用蓝绿色表现水景，表现出比方案一更强烈的冷暖对比。（图 3-64）

图 3-64　上色方案步骤 3

步骤 4：最后用蓝色色粉笔大笔触表现天空和水面，注意用笔果断。（图 3-65）

图 3-65　上色方案二步骤 4

| 看一下局部的色彩处理 |

| 逆光体块的处理 |

逆光是比较难画的，因为这个逆光体块的暗部和投影以及玻璃和水景都属于一个暗部，在画的过程中一定要考虑好，不要画得死黑，要画得透气而且有渐变关系。

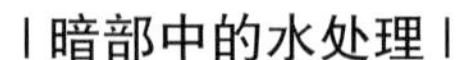

| 暗部中的水处理 |

在画有倒影的水的时候，我们还是要考虑好①渐变关系；②用水平方向排线；③环境色；④它属于暗部当中的水，所以比较灰的，画得时候不要太亮，一定要降低它的纯度。

| 远景植物的处理 |

画暗部植物的时候，一定要知道它的颜色和在受光面的颜色是完全不一样的。在画的时候一定要想清楚对比关系，而且还要考虑多加一层灰度，这样就会像暗部中的植物。

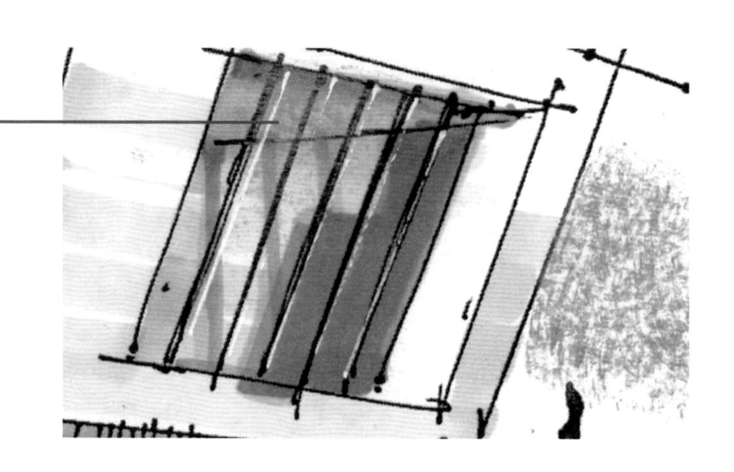

| 远景玻璃的处理 |

在刻画远景玻璃的时候，概括即可，当中加了色粉笔，让线条感不会那么清晰，让它出现的朦胧感形成一个虚实对比。

3.2.3　范例三

1. 原照片分析（图 3-66）

（1）原建筑是山东青岛利群黄岛总部，是一个三点透视的空间，透视感强烈，消失点在纸外，所以透视需要主观调整。

（2）建筑体块较多，高矮不一，需要主观简洁化。

（3）高层建筑形体呈现不规则形，需要主观调整。

2. 步骤分析

图 3-66　原照片

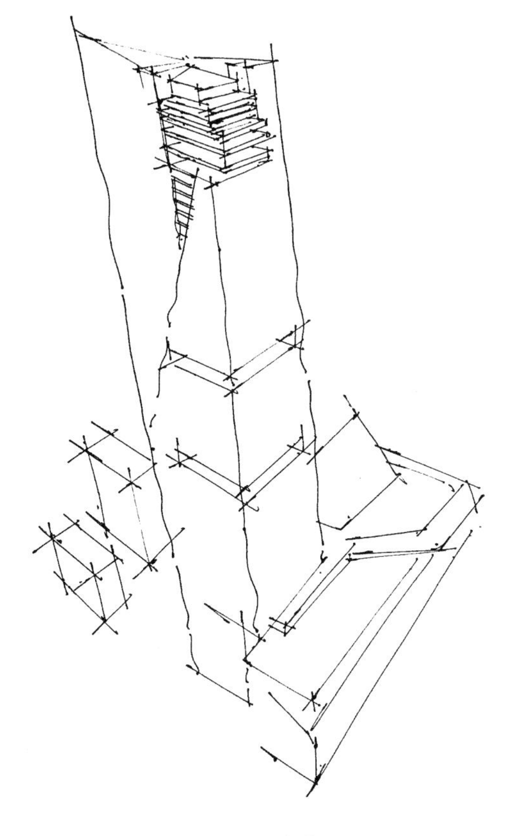

图 3-67　步骤 1

步骤 1：初学者最好用铅笔把整个空间的透视抓准后再开始正稿；可以先从局部开始，根据局部推敲透视。（图 3-67）

步骤 2：根据大体块往左边推敲画方盒子。（图 3-68）

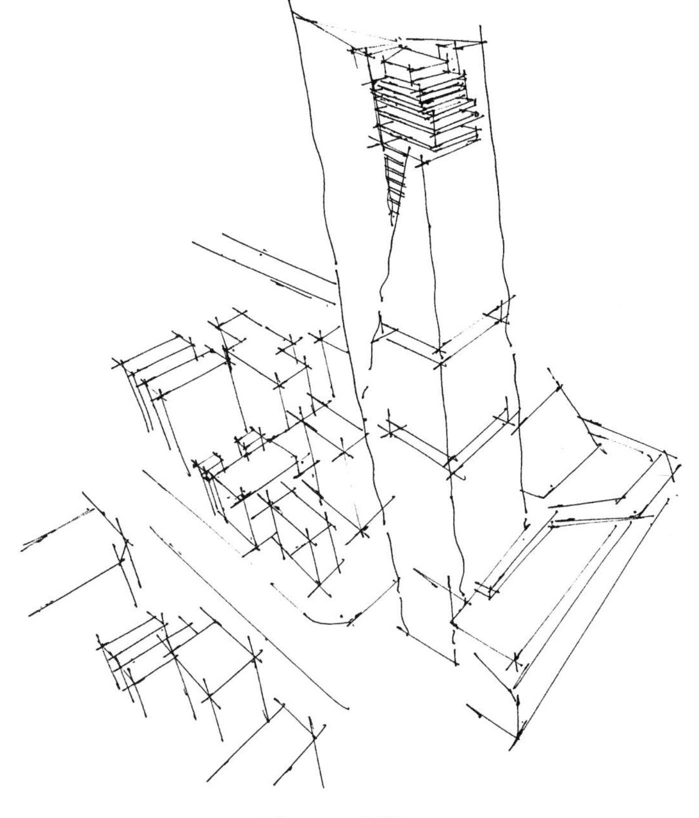

图 3-68　步骤 2

步骤 3：继续往周围画方盒子，在这个环节请运用方盒体块切割先大后小的关系处理。（图 3-69）

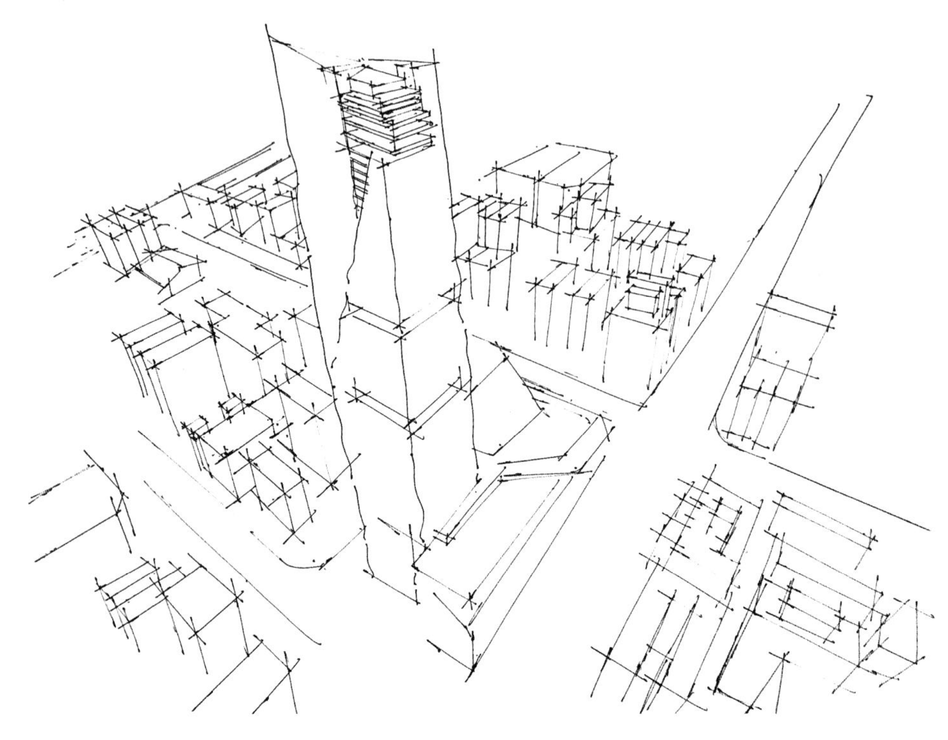

图 3-69　步骤 3

步骤 4：在画远处的建筑体块的时候，没有必要再按照前面的体块切割得那么明显，只要画出大概的位置以及形体即可。（图 3-70）

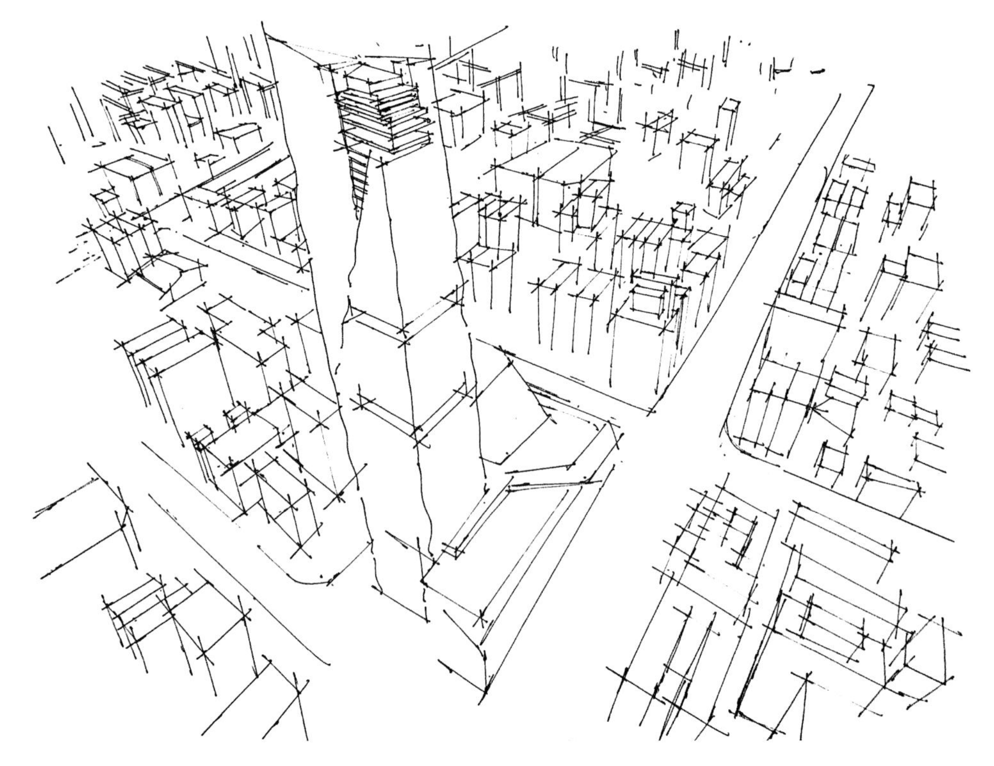

图 3-70　步骤 4

步骤 5：开始从前面细化建筑体块的结构以及光线和投影关系。（图 3-71）

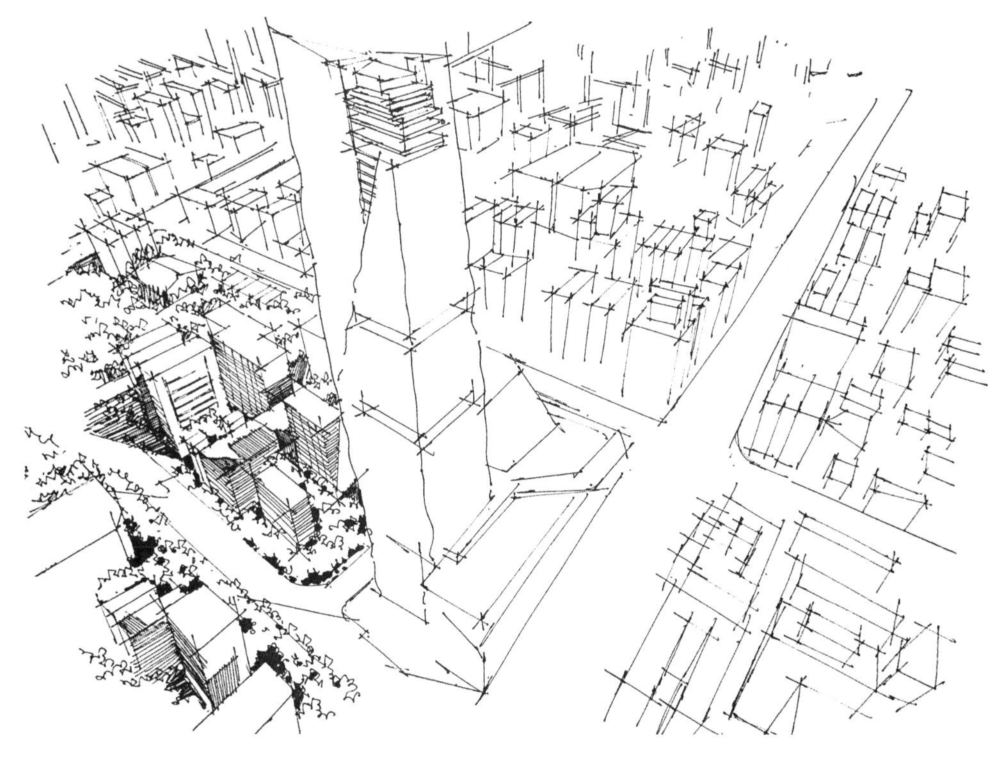

图 3-71　步骤 5

步骤 6：把握好主要的道路，在建筑周围添加植物线。（图 3-72）

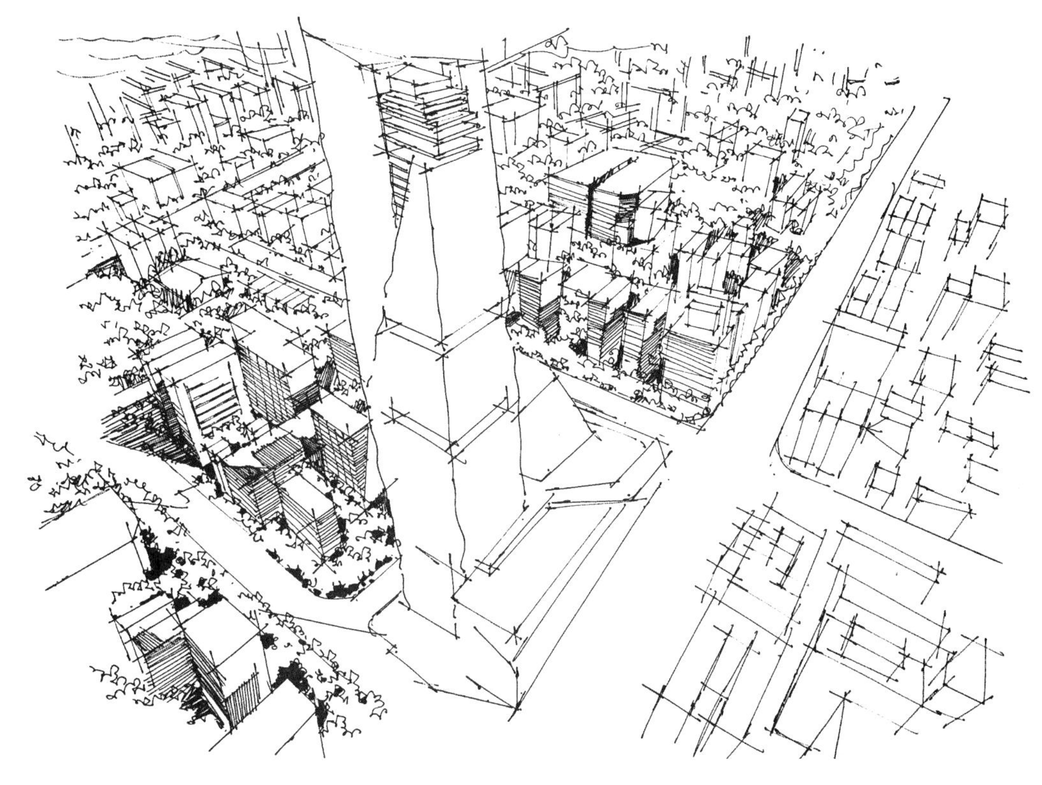

图 3-72　步骤 6

步骤 7：完善画面其他的植物关系，同时也把整个画面中建筑的光影关系表达出来。（图 3-73）

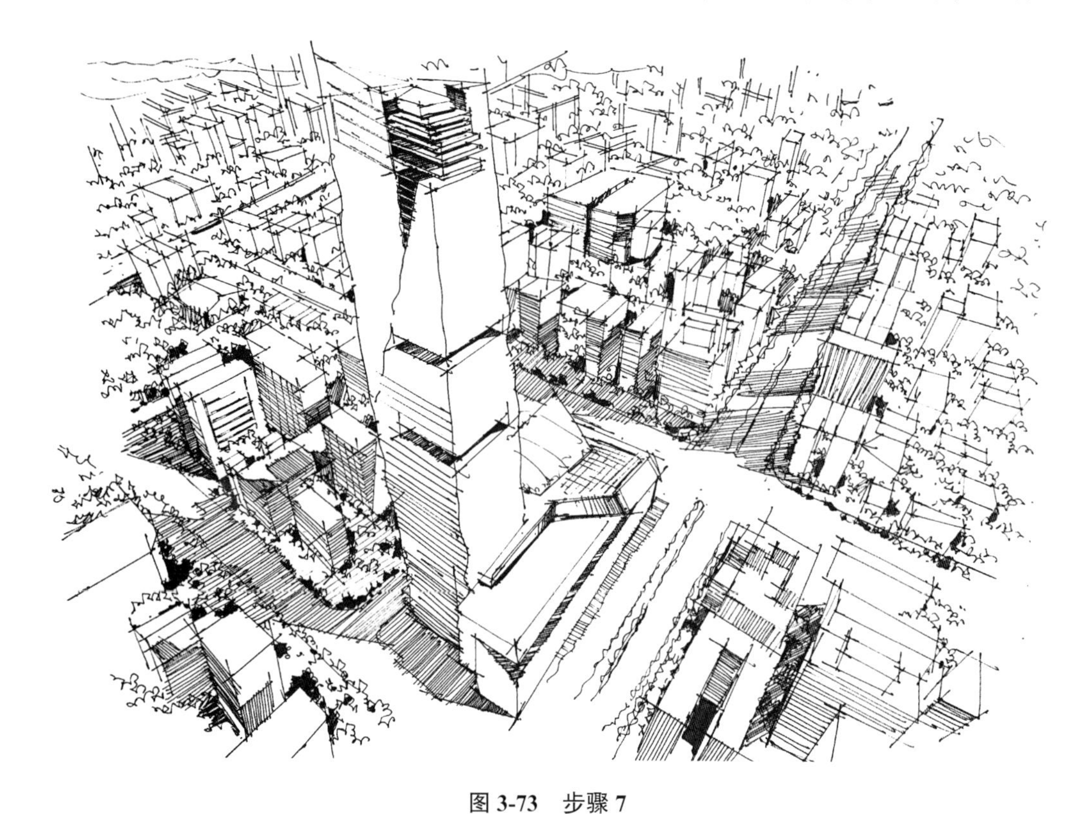

图 3-73　步骤 7

步骤 8：丰富细部场景，强调画面的主次关系，完成整个画面。（图 3-74）

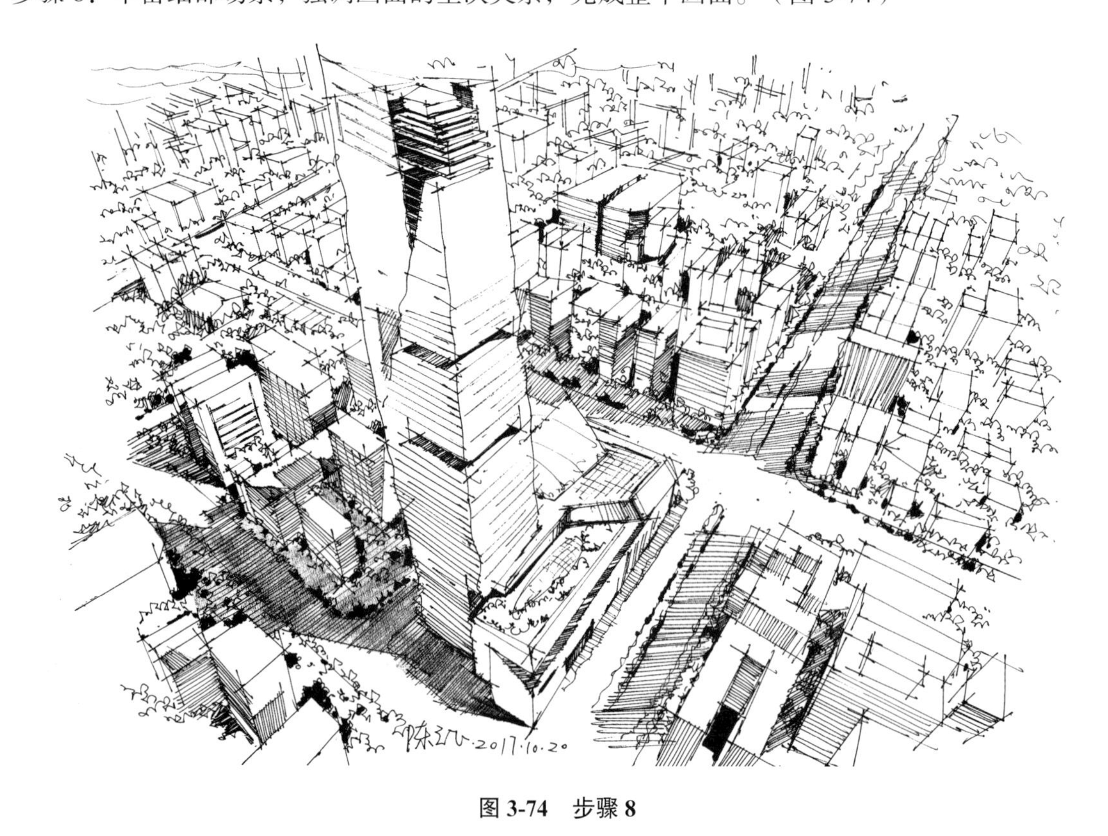

图 3-74　步骤 8

步骤 9：开始上色，用灰色系把画面中的明暗关系表达出来，注意投影较深，把握好“近处深色、

远处浅色”处理手法，让整体画面产生黑白灰关系。（图 3-75）

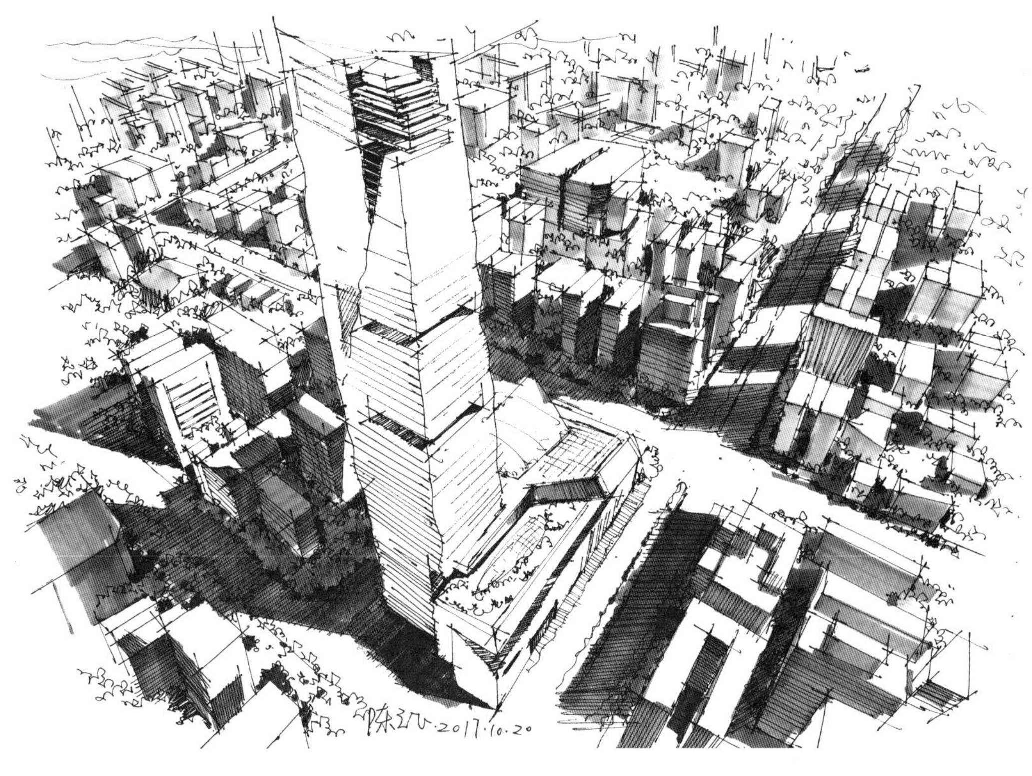

图 3-75　步骤 9

步骤 10：确定画面的基本色调，先画出大面积的色彩，如树群的绿色，笔触以简洁概括为宜，不用考虑过多细部。（图 3-76）

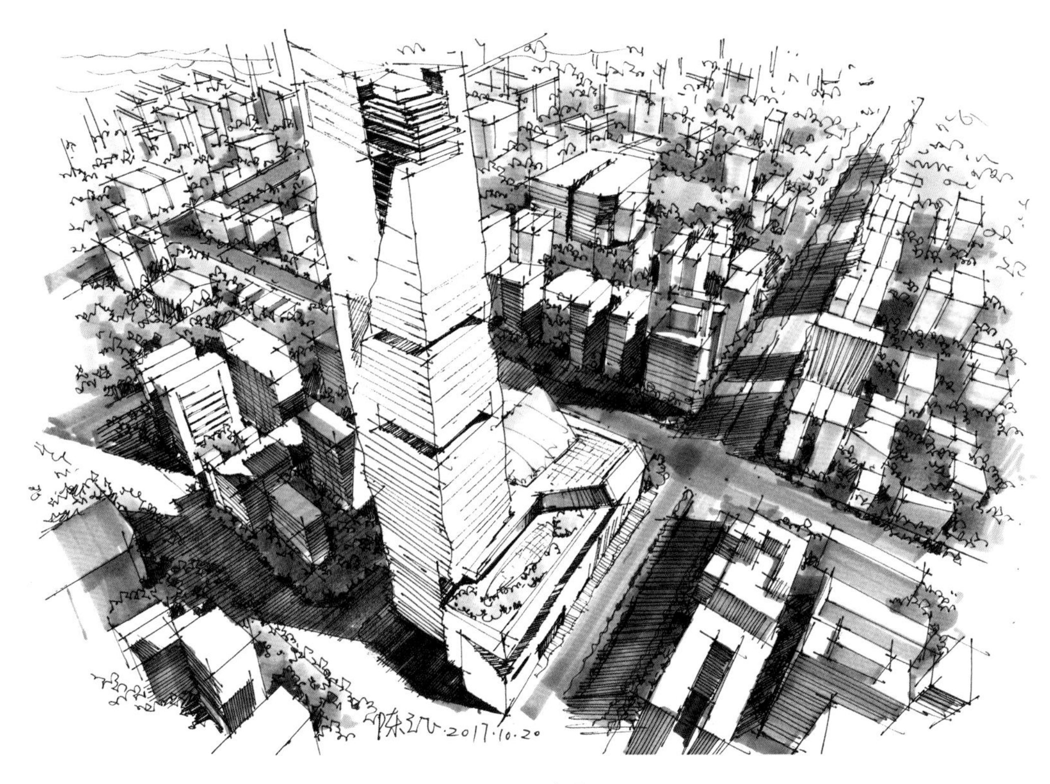

图 3-76　步骤 10

步骤 11：运用色彩的冷暖关系，渲染建筑的立体效果，强调建筑体块笔触（跟着透视方向排笔），颜色不要上得太满；建筑底部适当添加辅助的蓝色。（图 3-77）

图 3-77　步骤 11

步骤 12：调整近处的植物、建筑物以及环境的色彩关系，注意阴影的刻画和整体色彩点缀，增强画面的联系。（图 3-78）

图 3-78　步骤 12

3.2.4　范例四

1. 原照片分析（图 3-79）

图 3-79　原照片

（1）原建筑是泰州市凤城河度假休闲区，是一个三点透视的空间，透视感强烈，消失点在纸外，所以透视需要主观调整。

（2）建筑不多，高矮不一，为原型体块，相对较难，需要主观简洁化。

（3）建筑表皮有玻璃幕墙，材质各异，需要高度概括。

2. 步骤分析

步骤 1：初学者最好用铅笔把整个空间的透视抓准再开始正稿；可以先从局部开始，根据局部推敲透视，根据主要物体透视方向，确定它们的比例以及透视方向。（图 3-80）

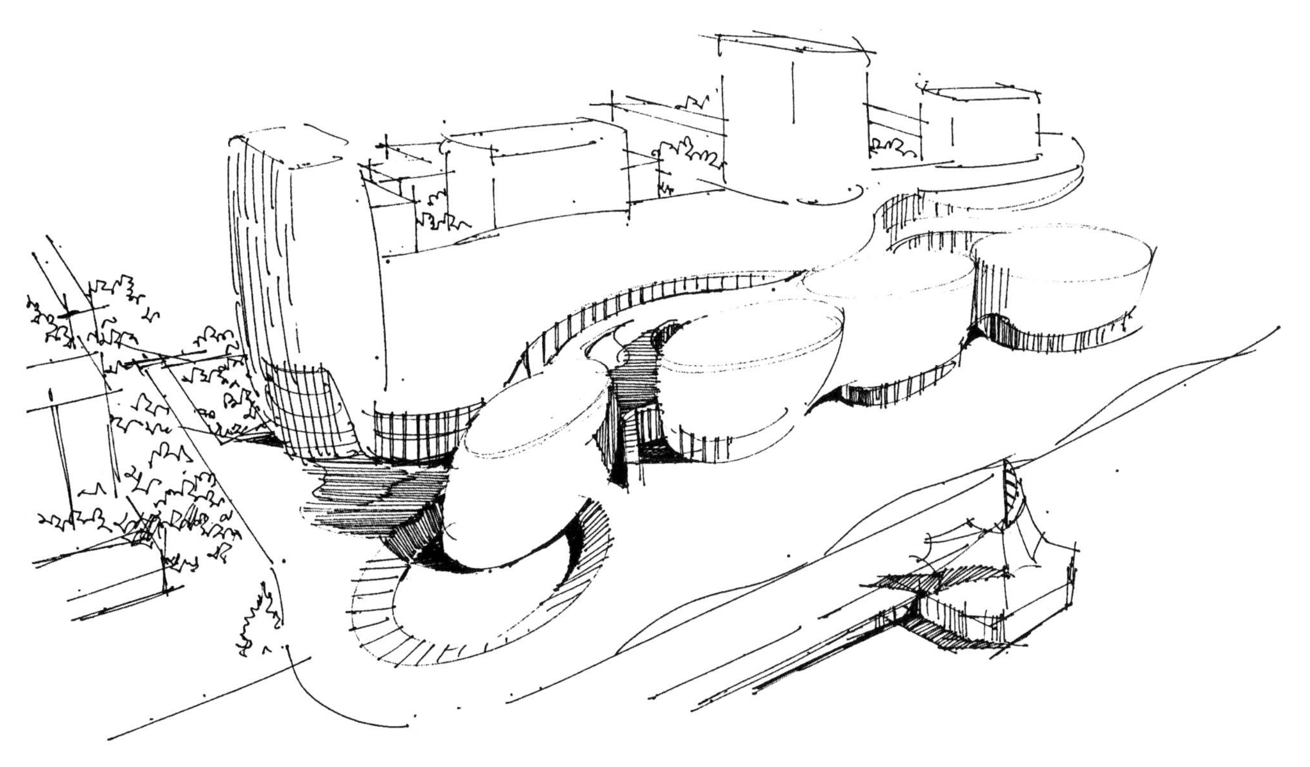

图 3-80　步骤 1

步骤 2：在画远处的建筑体块的时候，只要画出大概的位置以及形体即可；把握好主要的道路，在建筑周围添加植物线；开始从前面细化建筑体块的结构以及光线和投影关系。（图 3-81）

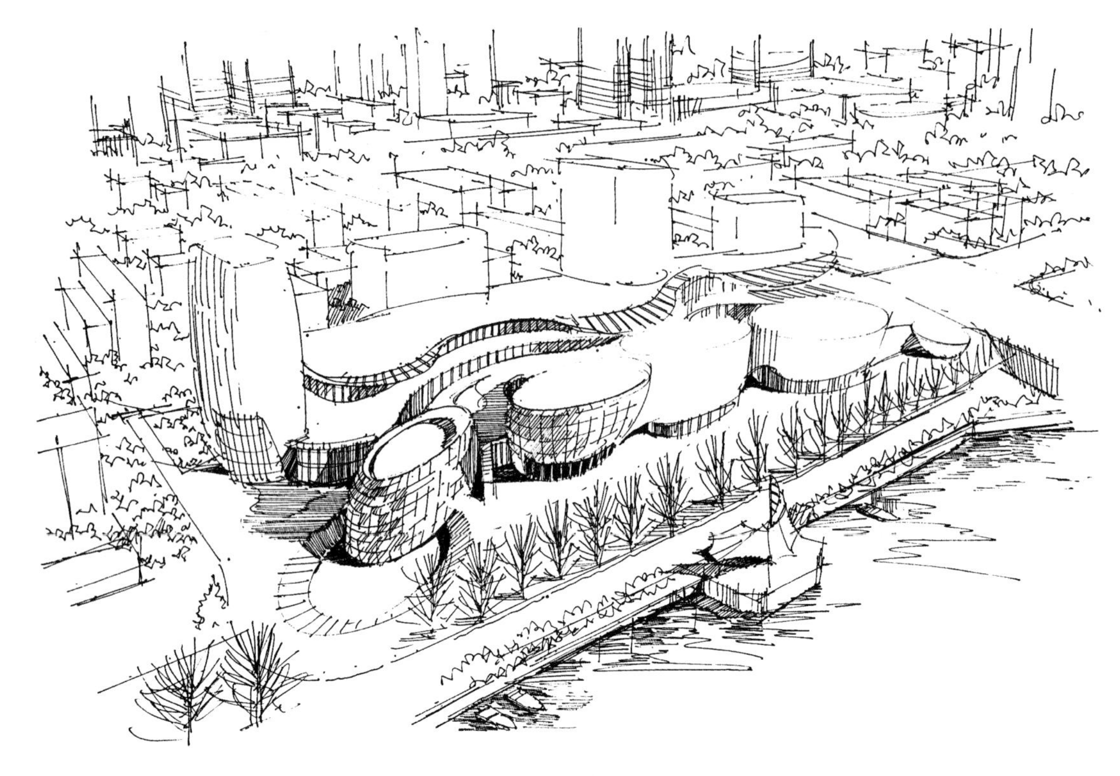

图 3-81 步骤 2

步骤 3：完善画面其他的植物关系，同时把整个画面建筑的光影关系也表达出来。（图 3-82）

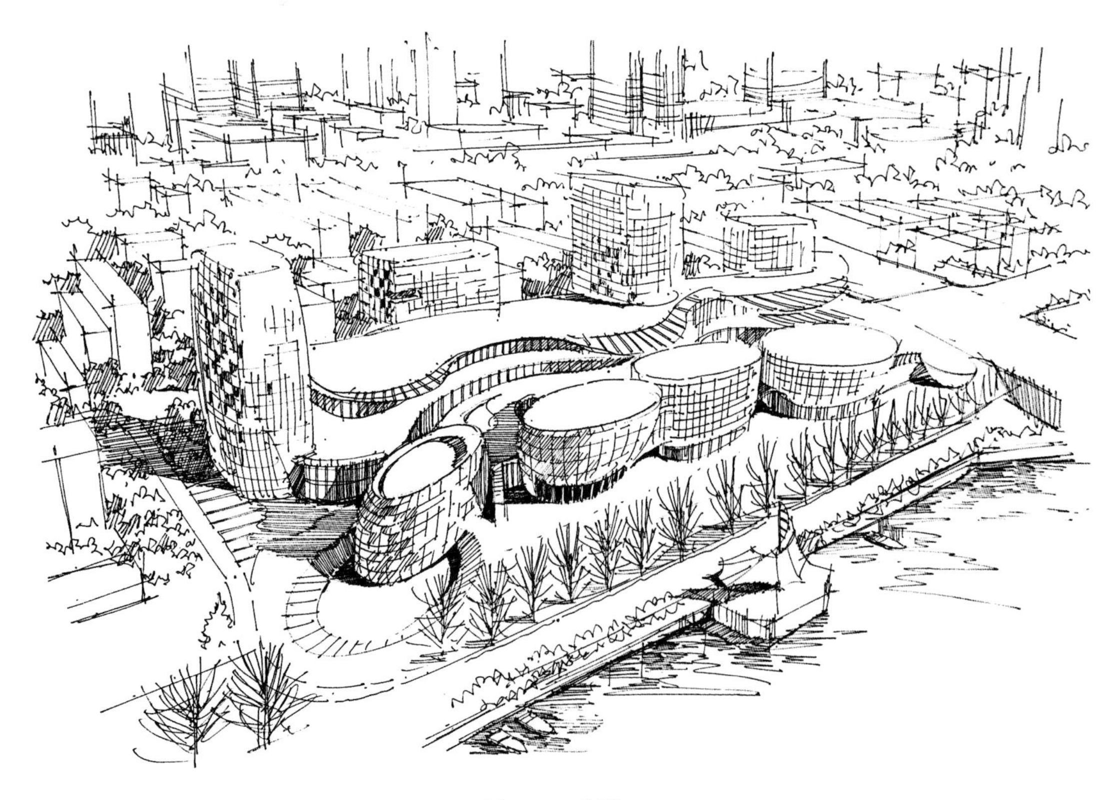

图 3-82 步骤 3

步骤 4：丰富场景，用灰色马克笔平涂建筑周边的植物，加强画面的主次关系，完成整个画面。（图 3-83）

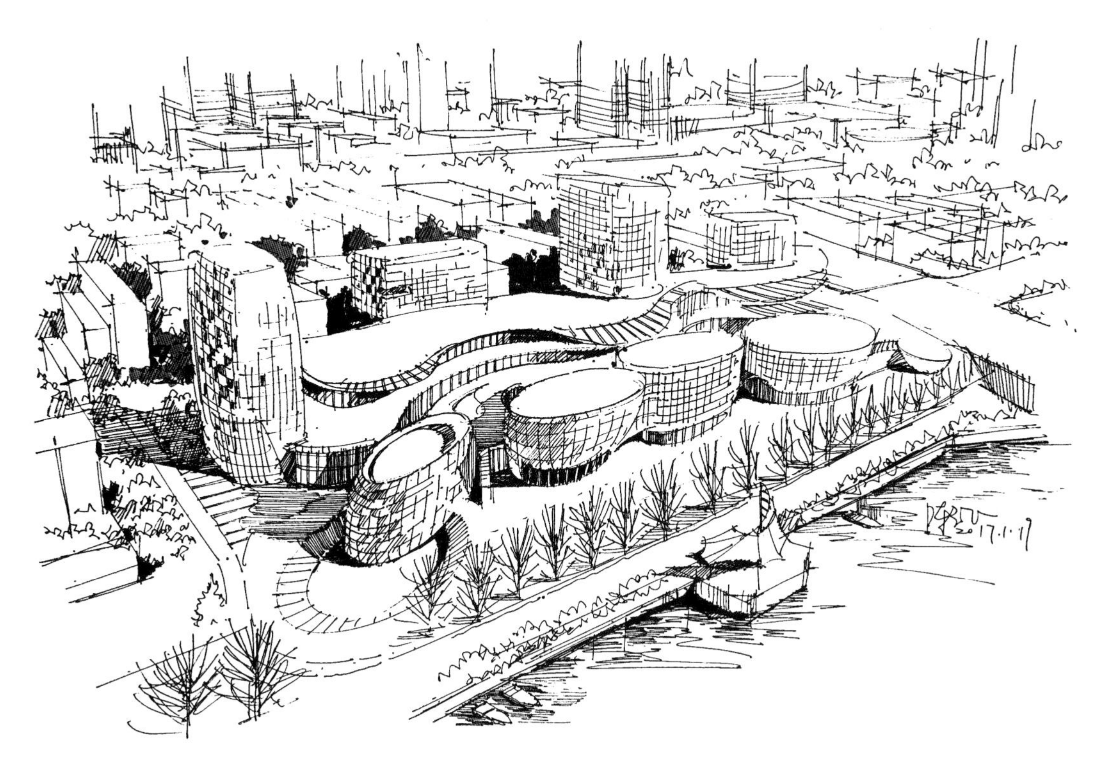

图 3-83　步骤 4

步骤 5：开始上色，用灰色系把画面中的投影表达出来，在远处用灰绿色画出大面积的植物色彩，笔触以简洁概括为宜，不用过多考虑细部。（图 3-84）

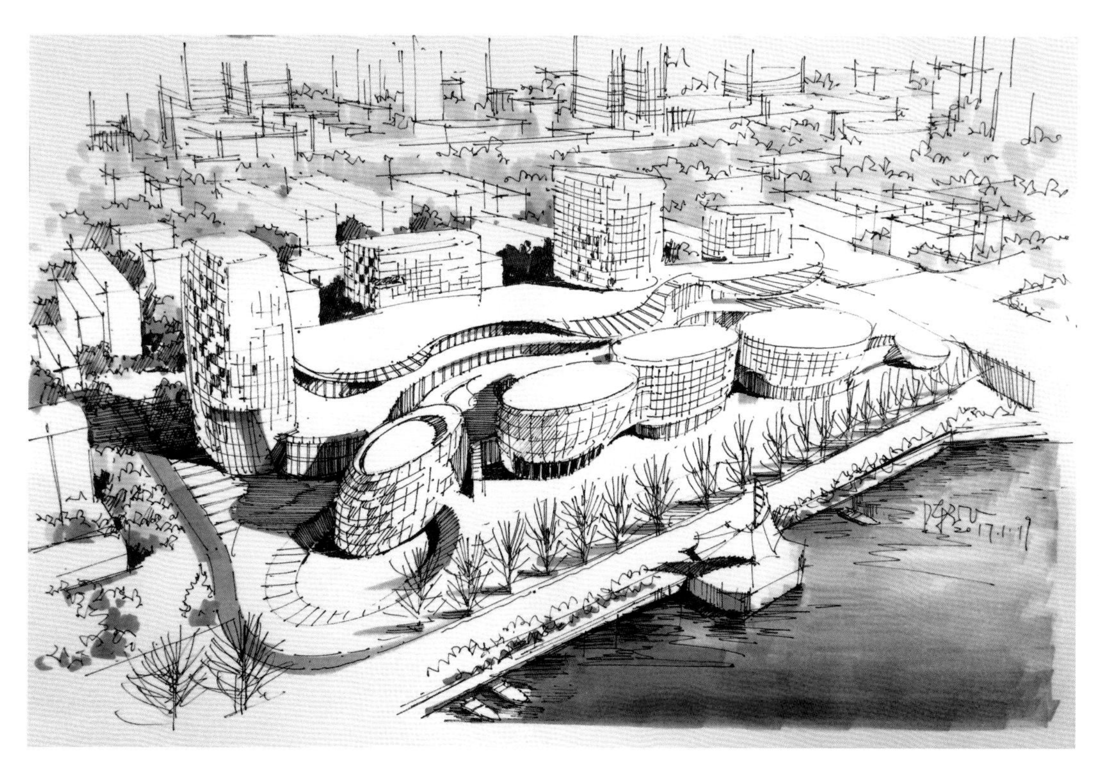

图 3-84　步骤 5

步骤 6：描绘地面和远处空间的层次，加强画面的空间感。（图 3-85）

图 3-85　步骤 6

步骤 7：用轻快的笔触和鲜亮的色彩，雕刻中近景的草坪，使画面更富有感染力。（图 3-86）

图 3-86　步骤 7

步骤 8：用浅黄色柔和画面，增加环境色和冷暖倾向，使画面更有艺术感。（图 3-87）

丨玻璃幕墙的处理丨

注意亮部与暗部的区分，亮部偏暖色，暗部偏冷色。

丨远景植物的处理丨

色彩选用冷色系和灰色系。

丨远景建筑的处理丨

在画远景建筑的时候，形体上处理得相对比较松散一点，上色也不会太强烈，属于弱对比，色彩使用偏冷色居多，容易形成空间感。

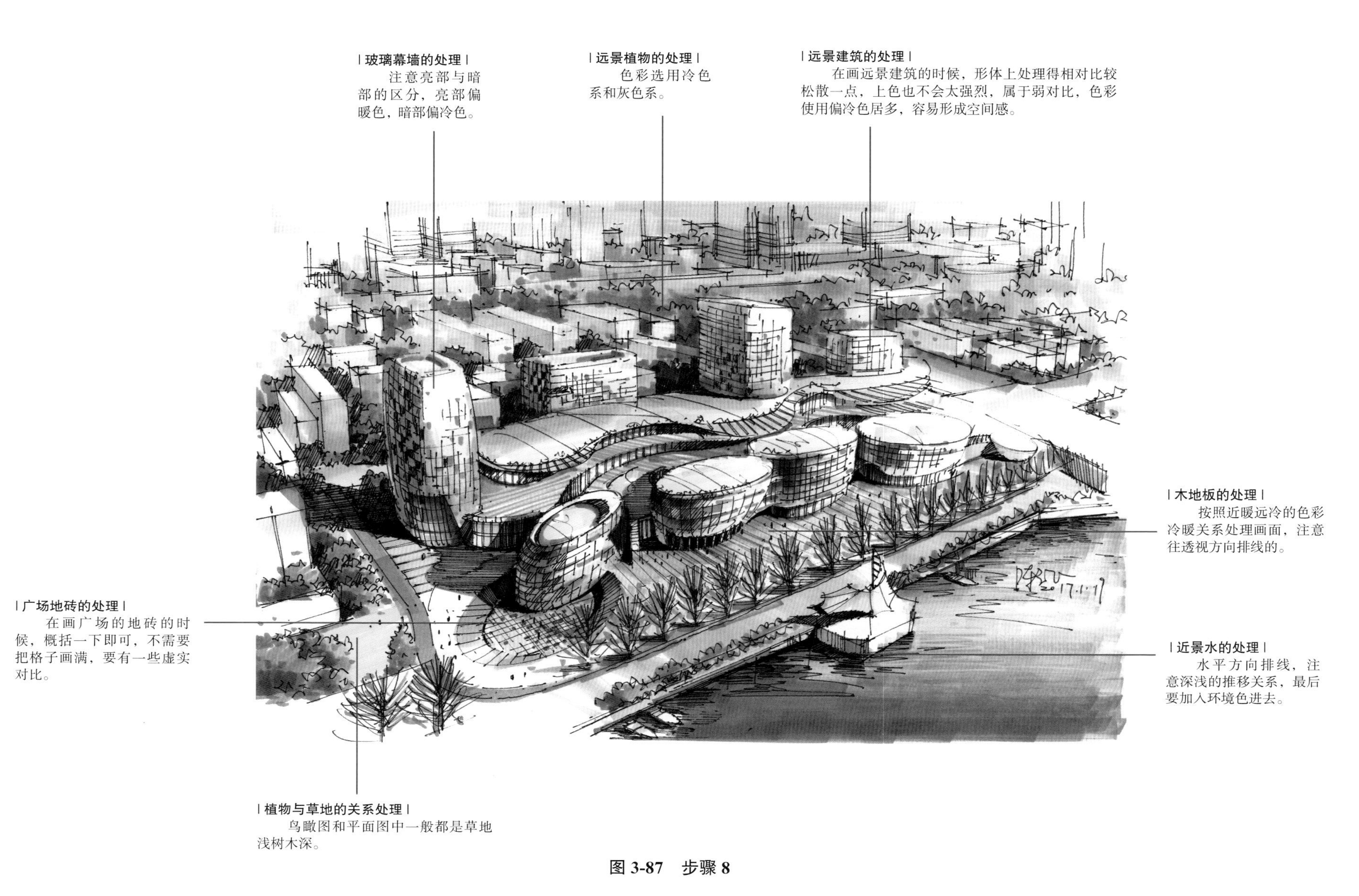

丨木地板的处理丨

按照近暖远冷的色彩冷暖关系处理画面，注意往透视方向排线的。

丨广场地砖的处理丨

在画广场的地砖的时候，概括一下即可，不需要把格子画满，要有一些虚实对比。

丨近景水的处理丨

水平方向排线，注意深浅的推移关系，最后要加入环境色进去。

丨植物与草地的关系处理丨

鸟瞰图和平面图中一般都是草地浅树木深。

图 3-87　步骤 8

3.2.5 其他作品赏析

原照片分析：

（1）原建筑照片是一点透视的空间，透视感强烈；光影关系不明显，需要主观锁定光源。

（2）建筑结构有些不明显，需要主观微调。

（3）地面的面积比较多，可以适当减少。注意千万不能把斑马线画出来。

换另外一个色调和换另外一个天空的画法，会得到不同的效果。

图 3-88 建筑空间手绘照片写生赏析作品（一）

原照片分析：

（1）原建筑是两点透视的空间，透视感强烈，消失点在纸外，所以透视需要主观调整。

（2）建筑配景树木位置和高度不美，需要主观调整。

（3）画面中的地面是雪景，不好表达，需要主观更改。

图 3-89　建筑空间手绘照片写生赏析作品（二）

3.3　建筑空间改绘范例

同一个建筑线稿，通过不同的配景改造，可以有效拓展思维，提高手绘的能力。练习空间改绘时，大部分初学者会遇到周围的配景摆放位置、大小、合理性、形式等难题，下面的范例希望能为大家提供一些思路。

3.3.1　范例一

在一个建筑大场景中，构成画面的有几个元素，包括主体建筑、前景收边树、中景物体、远景物体等，其中各个元素可以包括很多类型，所有的类型需要和整个建筑的特点符合，不能东拼西凑。下面介绍一些主景加配景的训练方法。

1. 地面的改绘（图 3-90~ 图 3-92）

（1）平面类：地砖、草地、泥地；（2）凹面类：水景、水池；（3）凸面类：山地、坡地。

图 3-90　地面的改绘（一）

图 3-91　地面的改绘（二）

图 3-92　地面的改绘（三）

2. 前景树的改绘（图 3-93、图 3-94）

（1）乔木落叶类；（2）干枝类（枯树类）；（3）边角树叶类；（4）棕榈树类。

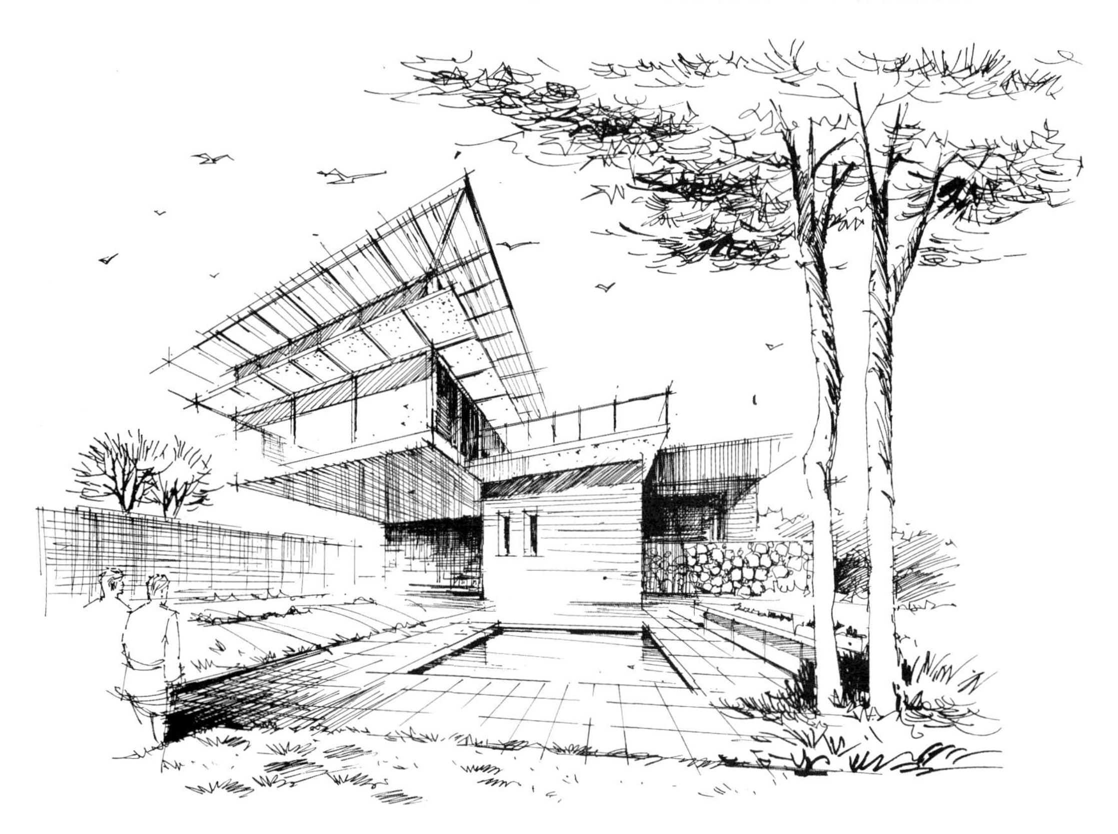

图 3-93　前景树的改绘（一）

图 3-94　前景树的改绘（二）

3. 远景树的改绘（图 3-95、图 3-96）

（1）乔木类。注意不要和建筑齐平，处理方法有以下三种：1）留白；2）排线；3）剪影留白 + 剪影排线。

（2）松树类。

（3）干枝类。

（4）综合类。

图 3-95　远景树的改绘（一）

图 3-96　远景树的改绘（二）

4. 中景的改绘（图 3-97~ 图 3-99）

（1）人物，注意人头位置放到视平线上；（2）石头；（3）低矮植物；（4）其他，如楼梯等。

图 3-97　中景的改绘（一）

图 3-98　中景的改绘（二）

图 3-99　中景的改绘（三）

3.3.2 范例二

改绘的建筑对象属于长条形的体块，透视感明显，光影效果已经划分清晰，那么在这个基础上如何合理地安排配景呢？（图 3-100）

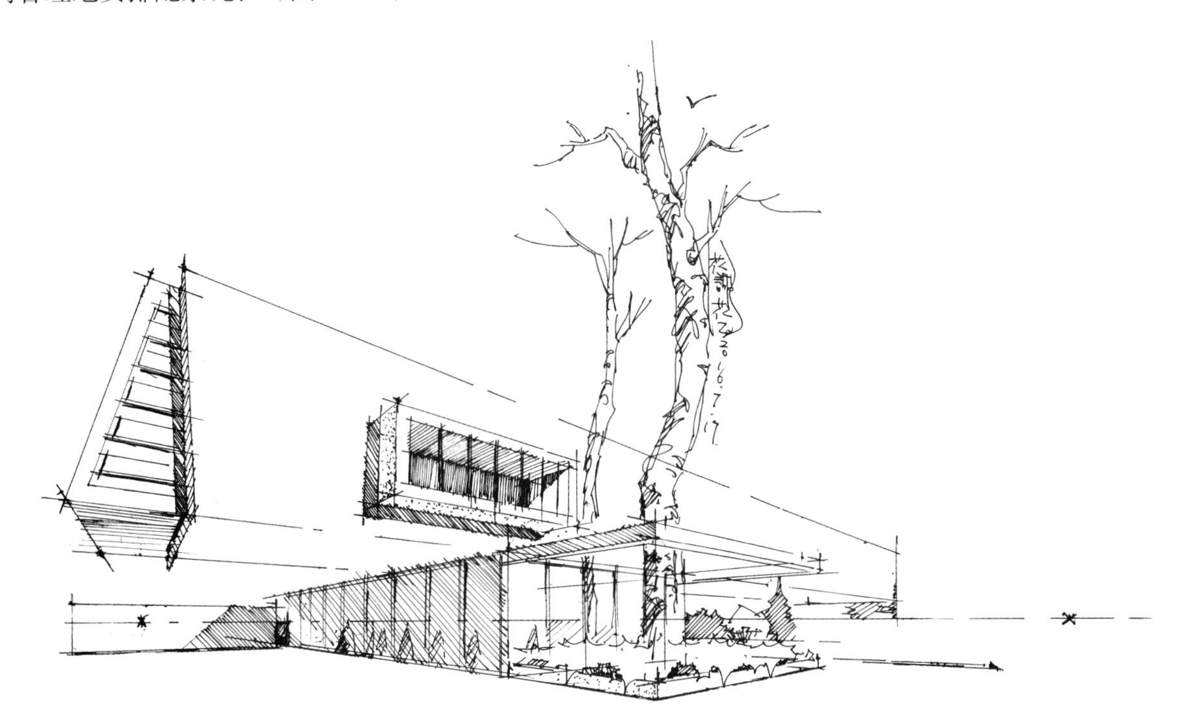

图 3-100 原建筑对象

（1）改绘方案一：①地形——平面类的地面＋凹面的水景；②中景——人物；③远景——松树类。（图 3-101）。

图 3-101 改绘方案一

（2）改绘方案二：①地形——平面类的地面＋凹面的水景；②中景——人物＋其他；③远景——乔木类。（图 3-102）

图 3-102　改绘方案二

（3）改绘方案三：①地形——平面类的地面＋凹面的水景；②前景——乔木落叶类；③中景——人物＋其他；④远景——乔木类。（图 3-103）

图 3-103　改绘方案三

（4）改绘方案四：①地形——平面类的地面 + 凹面的水景；②前景——乔木落叶类；③中景——低矮植物 + 其他；④远景——综合类。（图 3-104）

图 3-104　改绘方案四

（5）改绘方案五：①地形——平面类的地面 + 凹面的水景；②前景——乔木落叶类；③中景——低矮植物 + 人物 + 其他；④远景——综合类。（图 3-105）

图 3-105　改绘方案五

3.3.3 范例三

改绘的建筑对象属于正方体块，透视感明显，光影效果已经划分清晰，那么在这个基础上如何合理地安排配景呢？（图3-106）

（1）改绘方案一：①地形——平面类的地面＋凹面的水景；②前景——棕榈类＋低矮植物；③中景——人物＋低矮植物＋其他；④远景——棕榈类＋其他。（图3-107）

（2）改绘方案二：①地形——平面类的地面＋凹面的水景；②前景——棕榈类＋其他；③中景——低矮植物＋其他；④远景——干枝类＋其他。（图3-108）

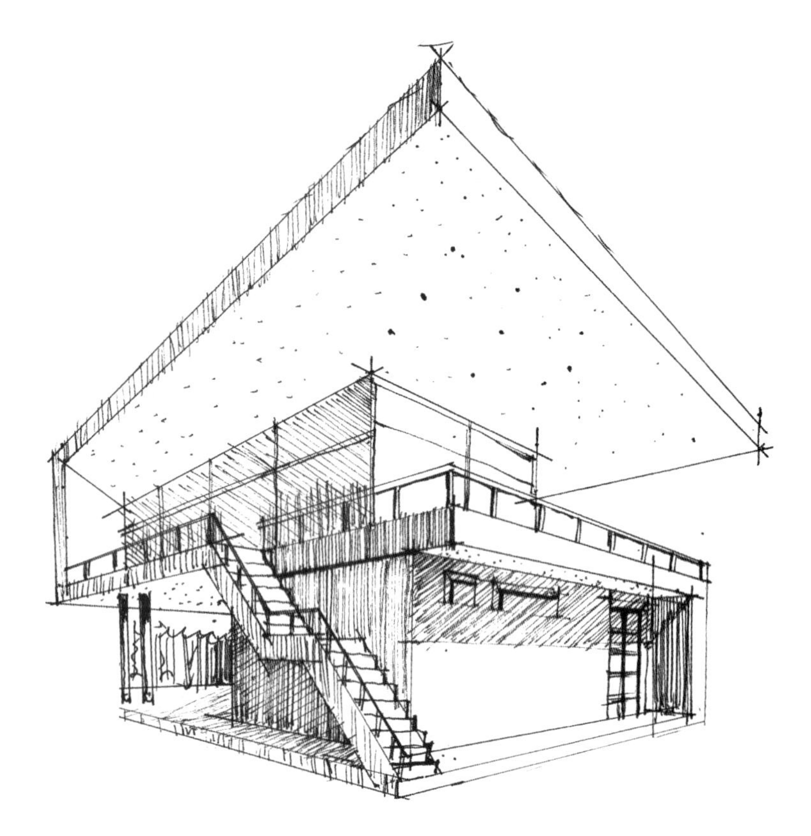

图 3-106　原建筑对象

图 3-107　改绘方案一

图 3-108　改绘方案二

（3）改绘方案三：①地形——平面类的地面 + 凹面的水景；②前景——枯树叶类 + 其他；③中景——低矮植物 + 其他；④远景——低矮植物 + 其他。（图 3-109）

图 3-109　改绘方案三

3.4　建筑空间色调训练

3.4.1　如何把握画面的主要色调

首先感受一下要画的物体，哪种色彩占的比例大，色彩倾向与主要对象的色彩是协调的还是对比的关系。如果色彩属同类色系的范围，那么它们就基本决定了这个画面的色调倾向，占据画面主要位置、大面积的颜色就构成了该画面的主要色调。（图 3-110、图 3-111）从明度上来分，有亮色调（或称高调），有暗色调；从色性上来分，有冷色调、暖色调和中性色调；从色相上来分，有褐调子、紫调子、黄灰调子等。这些都是色彩中的整体倾向所构成的色调。在画图中应牢牢地把握并记住对象的色调，并将其贯穿于画图的始终。

图 3-110　画面的主色调为紫色，空间显得静谧

图 3-111　画面的主色调为蓝色，空间显得活泼

1. 冷暖色调（图 3-112、图 3-113）

色彩教学中的冷暖通常有两方面含义：一是色与色之间有冷暖差异，二是物体受光照射后受光部和背光部色彩有冷暖变化。

冷暖色调空间变化一般规律为：冷退暖进；灰退鲜进；弱退强进（对比弱、边缘弱往后退，反之往前）。

无论是对色调的把握，还是辨别冷暖的倾向，这些色彩要点都需要多次练习的沉淀，不能急于求成。大量的练习，大量欣赏优秀的作品、大师的作品是必不可少的。（图 3-114）

图 3-112 同一建筑场景的冷色调处理

2. 色调训练的要点

（1）调色。冷暖相调，红黄蓝相调。

（2）作画步骤。大关系到位，包括亮、暗、投影、夹角、卡点。

（3）运笔。运笔连铺、放松，切记板、飘、满。

（4）变调。色调协调，色彩对比关系包括明度、色相、冷暖、纯灰等要明确到位。

图 3-113 同一建筑场景的暖色调处理

图 3-114　同一建筑

场景的多色调训练

3.4.2 建筑空间色调训练步骤详解

3.4.2.1 范例一

1. 原照片分析（图 3-115）

图 3-115 原照片

（1）原建筑是两点透视的空间，透视感强烈，消失点在纸外，所以透视需要主观调整。

（2）整体画面光影效果明显，相对容易处理。

（3）路面颜色较深，不宜照搬，在表现的时候，需要调整明度。

2. 色调训练方案一

步骤 1：线稿部分已经把整体形体、透视、植物配置都已经合理安排好。（图 3-116）

图 3-116 步骤 1

步骤 2：用轻快的灰色马克笔把建筑、植物的暗部表现出来，使画面更富有感染力。（图 3-117）

图 3-117　步骤 2

步骤 3：继续用灰色把整体的深色物体、浅色物体表现出立体感，强调运笔的笔触，不要画得太满。（图 3-118）

图 3-118　步骤 3

步骤4：确定画面的基本色调，画大面积的色彩、如树木的绿色、建筑配景等，笔触以简洁概括为宜，不用过多考虑细部。（图3-119）

图3-119　步骤4

步骤5：调整建筑玻璃、水面以及环境的色彩关系，注意阴影的刻画和整体色彩的调整和联系。用灰色调把各个区域的颜色衔接起来，使它们成为一个整体。（图3-120）

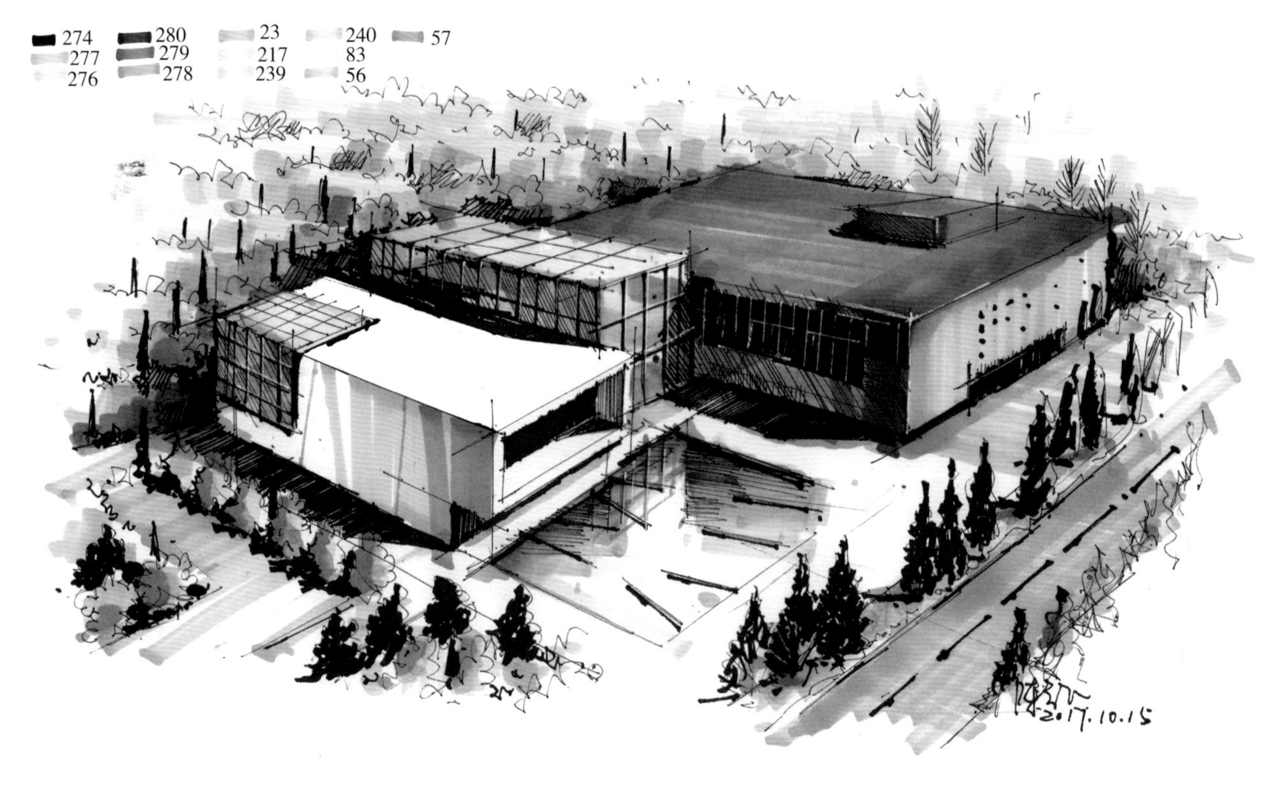

图3-120　步骤5

3. 色调训练方案二

步骤 1：确定画面的基本色调为暖色调——黄绿色调，用偏暖灰色系马克笔画出建筑物和植物的基本色彩倾向，运笔以概括为宜。（图 3-121）

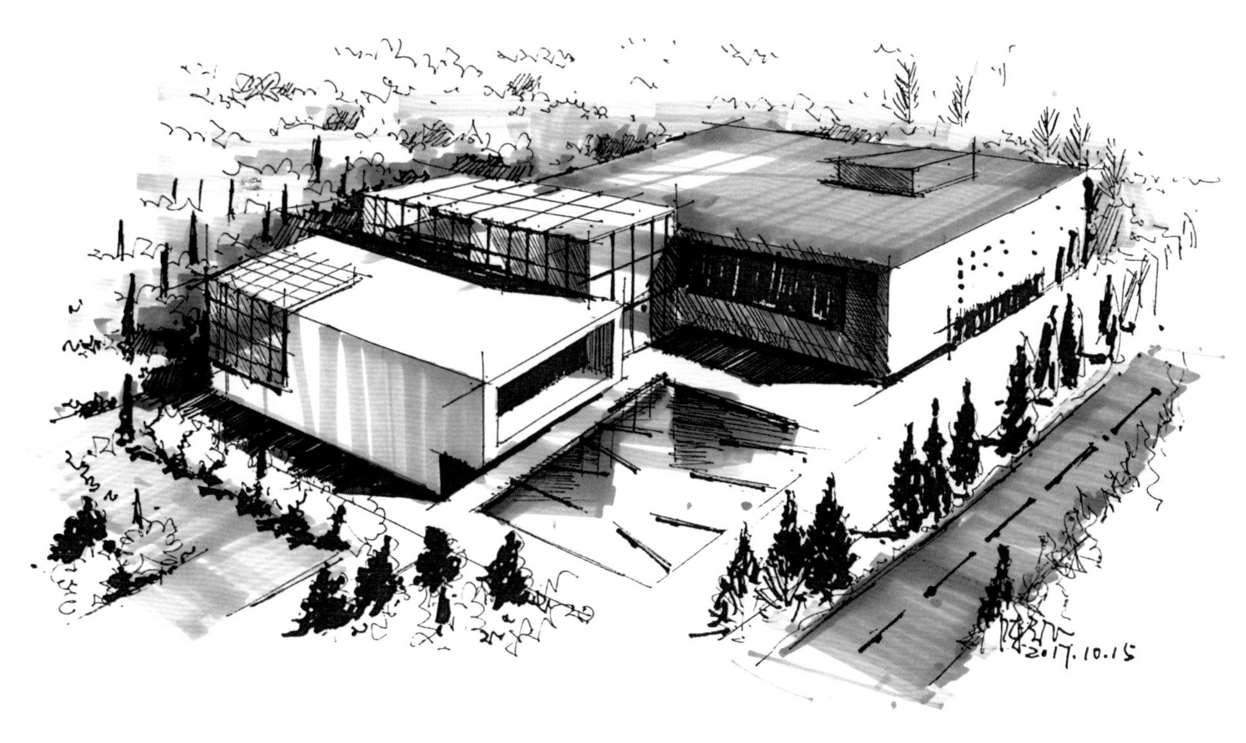

图 3-121　步骤 1

步骤 2：运用色彩的冷暖关系，渲染物体的立体效果，强调运笔的笔触，色彩不要上得太满。（图 3-122）

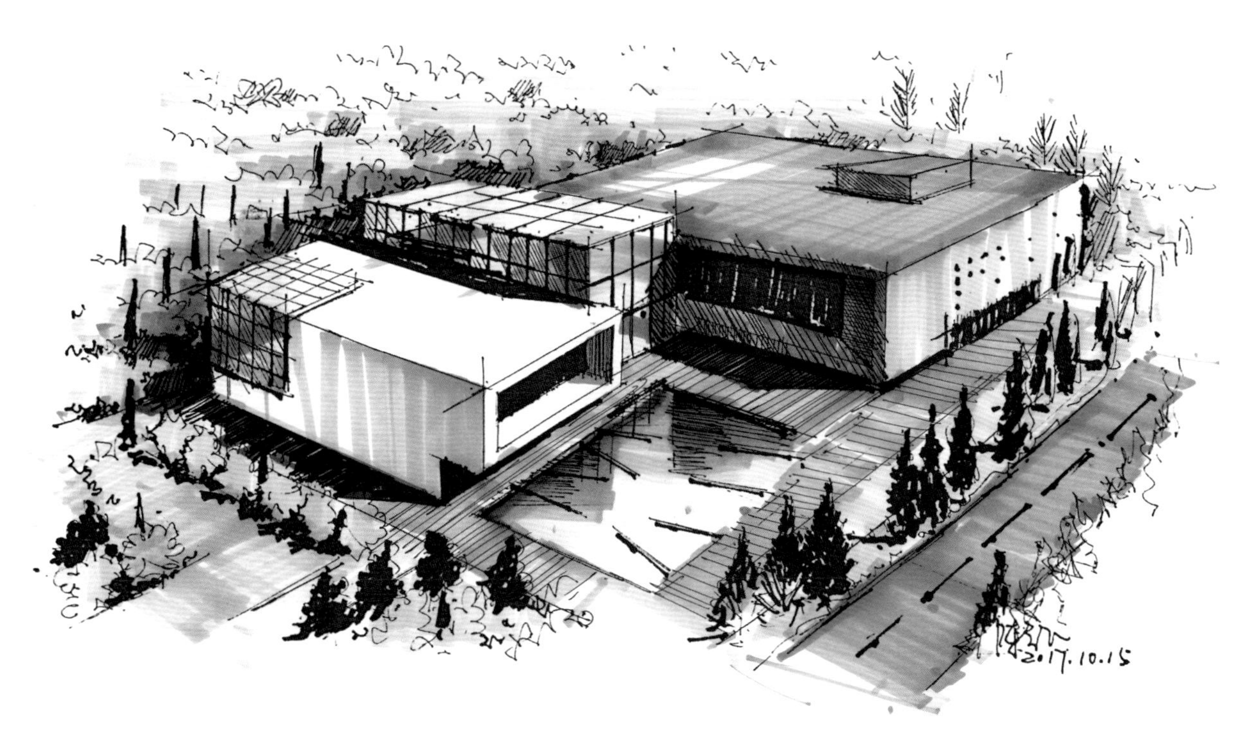

图 3-122　步骤 2

步骤 3：在远处适当加入一些细部纹理以及其他的辅助色彩，最后调整画面的明暗对比，在近处加入浅黄色，加强近、中、远空间的层次。（图 3-123）

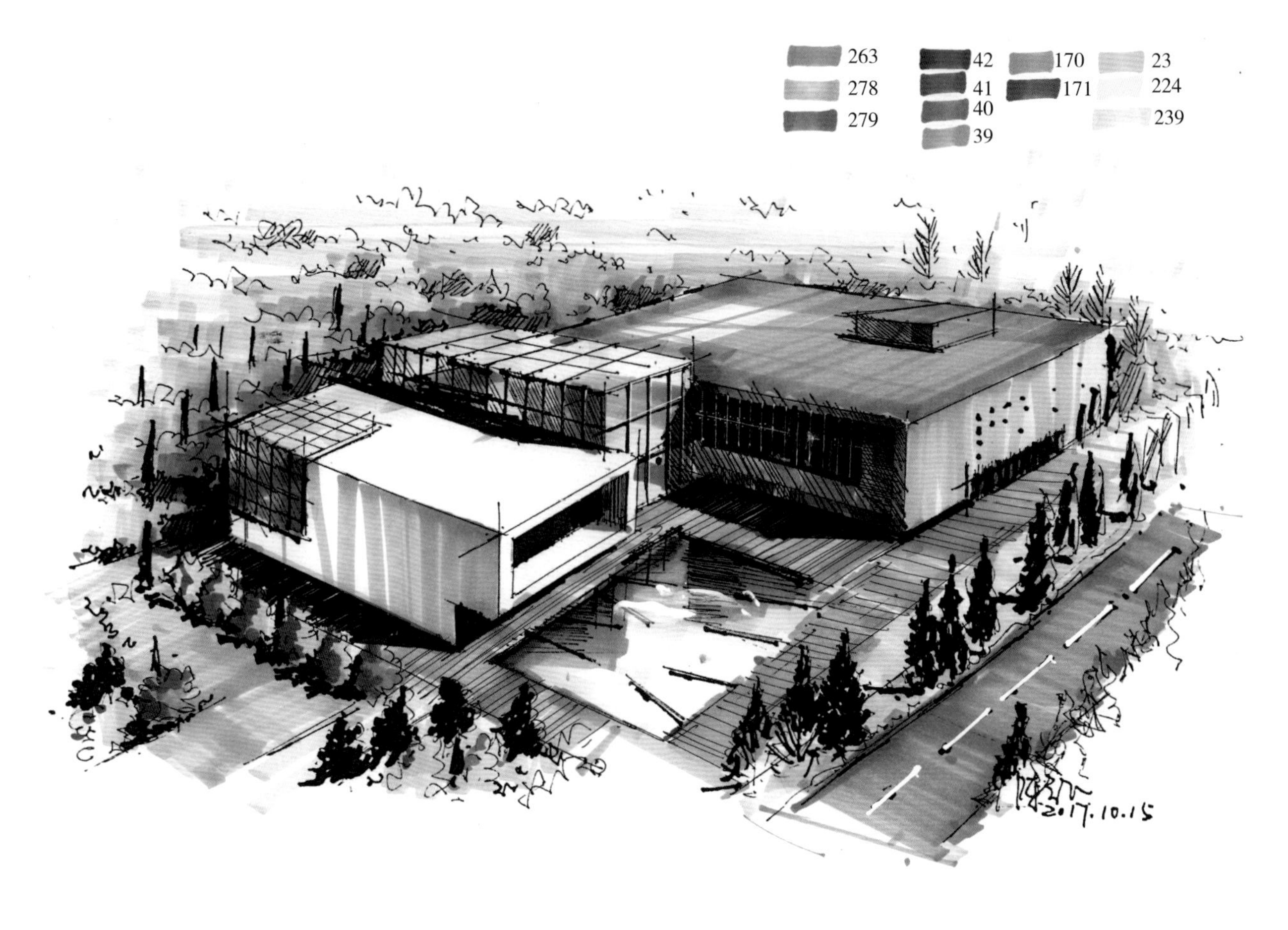

图 3-123　步骤 3

3.4.2.2　范例二

1. 色调训练方案一

步骤 1：该建筑体是圆弧形体块，所以在整个画面中，没有加入太多的排线以及光影。本方案表现夜景。（图 3-124）

图 3-124　步骤 1

步骤 2：用灰色马克笔以轻快的笔触在建筑的明暗交界线处做出渐变，使画面更富有感染力。（图 3-125）

图 3-125　步骤 2

步骤 3：添加地面、植物颜色，加强建筑体块的渐变关系。（图 3-126）

图 3-126　步骤 3

步骤 4：调整画面，用色粉笔完善天空的色彩，形成丰富的色彩搭配。（图 3-127）

图 3-127　步骤 4

步骤 5：添加建筑玻璃的橙色、黄色，表示开灯的效果，形成丰富的冷暖对比，完成上色。（图 3-128）

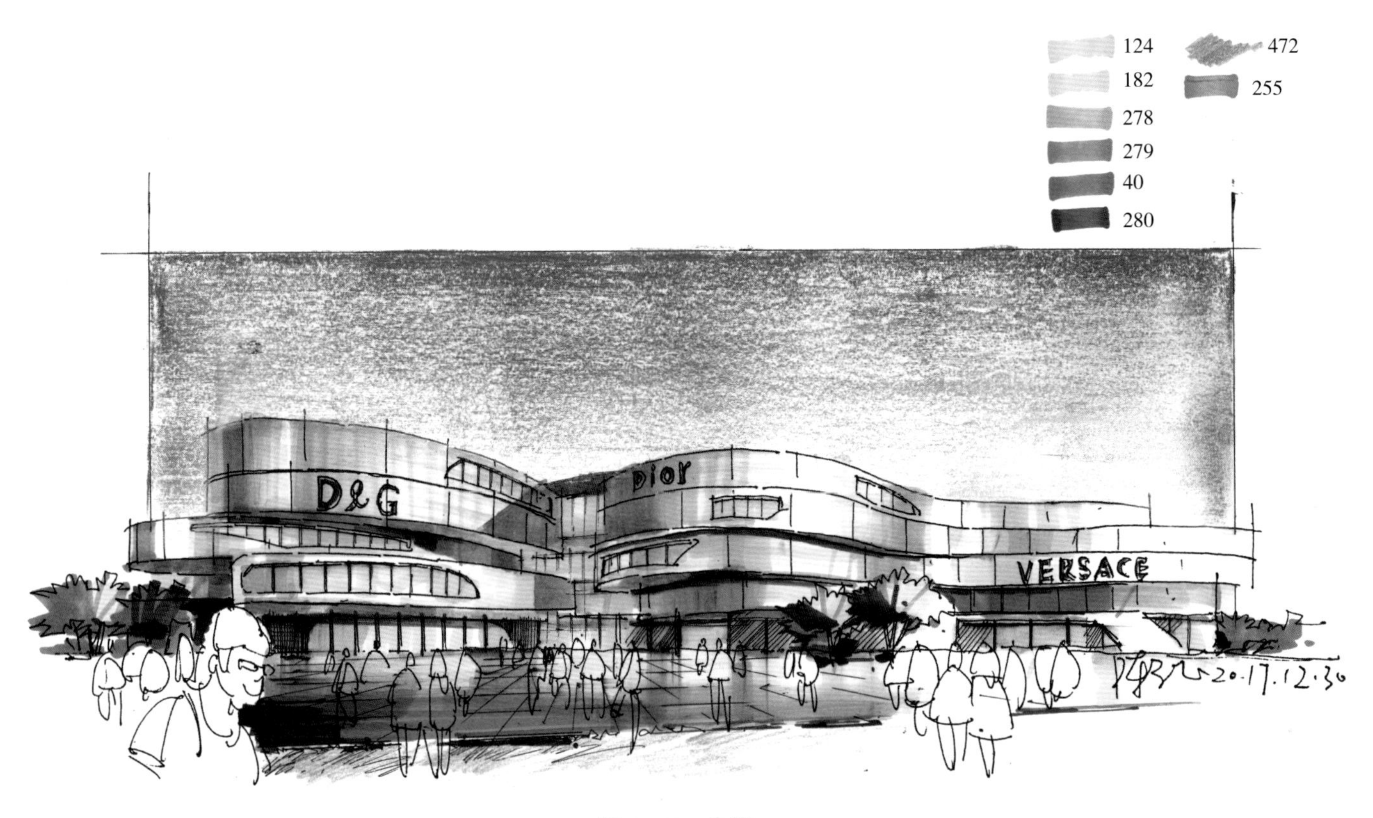

图 3-128　步骤 5

2. 色调的训练方案二

换一种表现形式和色调会得到意想不到的效果。（图 3-129）

图 3-129　方案二

| 看下局部的色彩处理 |

| 夜景玻璃的处理 |

在处理夜景玻璃时要注意，靠近光源的地方是亮的，背对光源的地方是暗的，这样就可以轻松营造夜景氛围。

| 地面的处理 |

在画地面的时候，要考虑正面靠近门口的地方，是光源集中的地方，所以这个地方比较亮，画的时候需要有渐变关系。而画人物的时候，当他不存在就可以了。

| 圆弧形物体的处理 |

在画圆弧形的建筑体块时，要考虑好笔触从左到右、从上到下的渐变关系。

| 天空处理 |

在处理天空时，采用色粉刻画，更容易把蔚蓝的天空表达出来。画的时候还要考虑好从上到下的渐变关系。

3.4.2.3　范例三

1. 原照片分析（图 3-130）

图 3-130　原照片

（1）该建筑为圆弧形，需要按照圆柱体理解透视关系。

（2）画面中树木较多，需要主观概括。

（3）画面中的人物、汽车比较多，可以删减。

2. 线稿步骤分析

步骤 1：把路网按照透视方向找准，勾勒出建筑的形体的基本框架。（图 3-131）

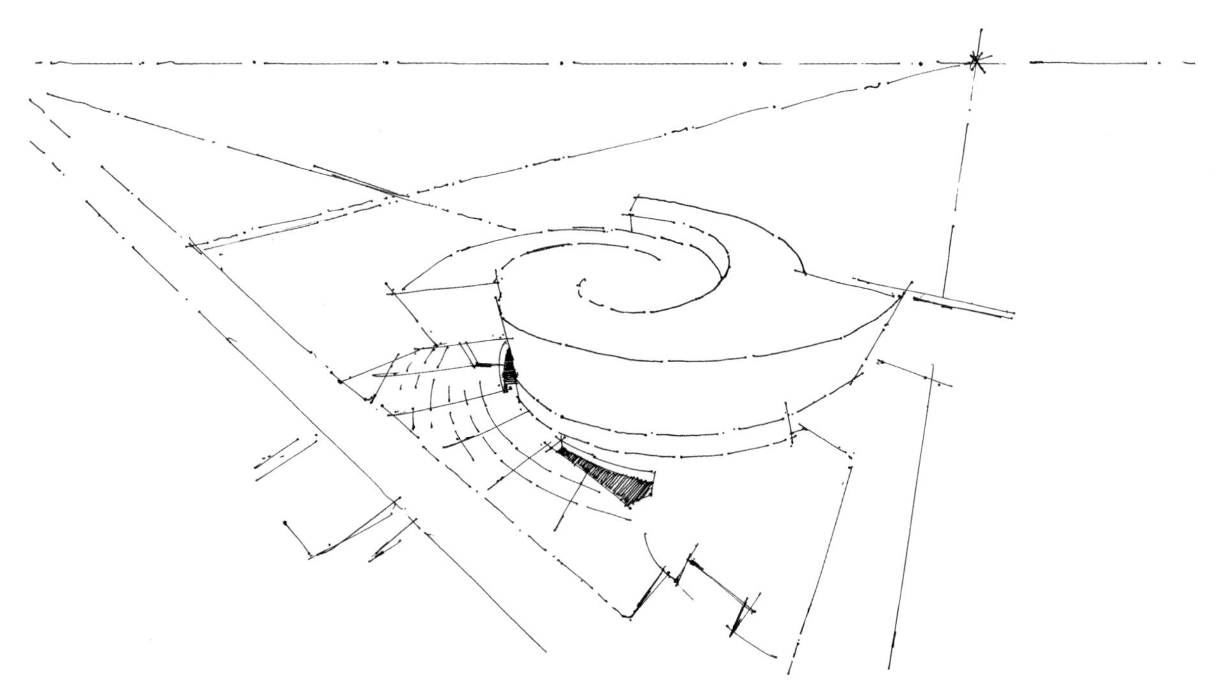

图 3-131　线稿步骤 1

步骤 2：将远景建筑物基本的明暗调子表现出来，注意概括就好。（图 3-132）

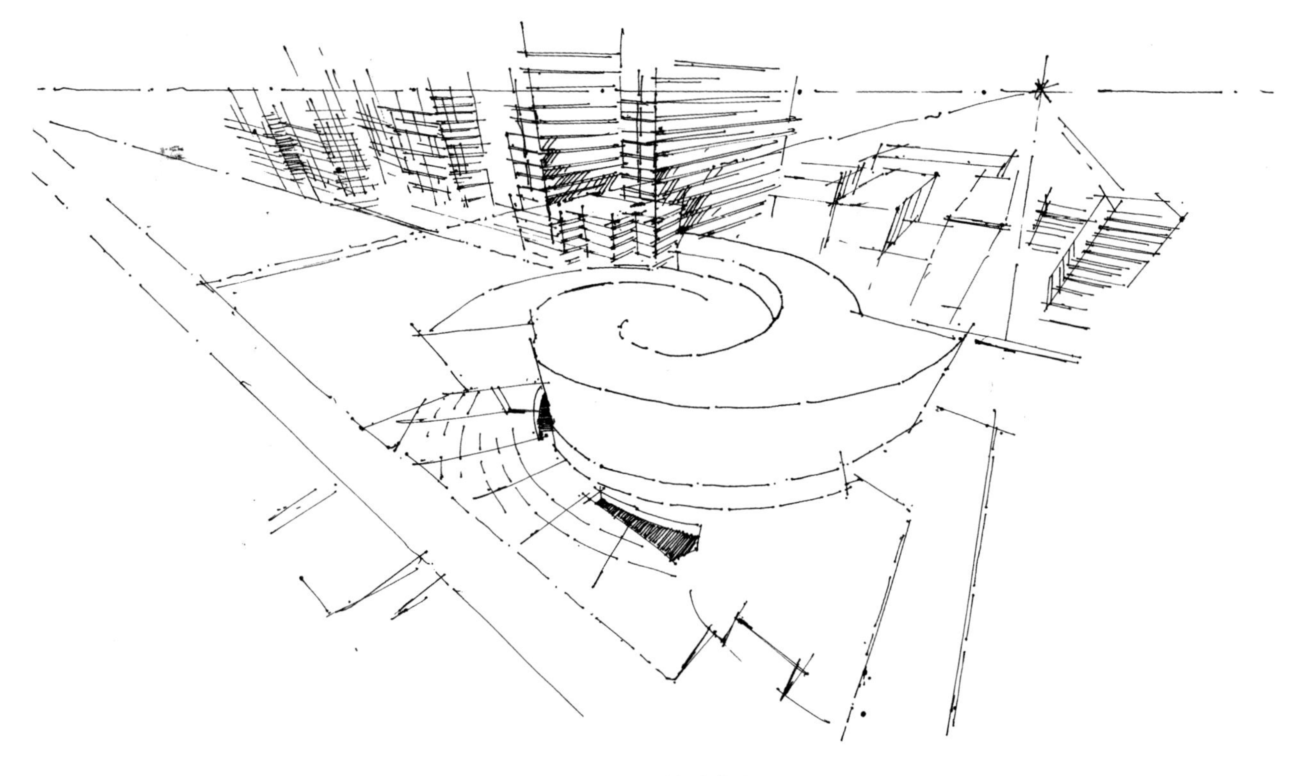

图 3-132　线稿步骤 2

步骤 3：添加画面的植物。（图 3-133）

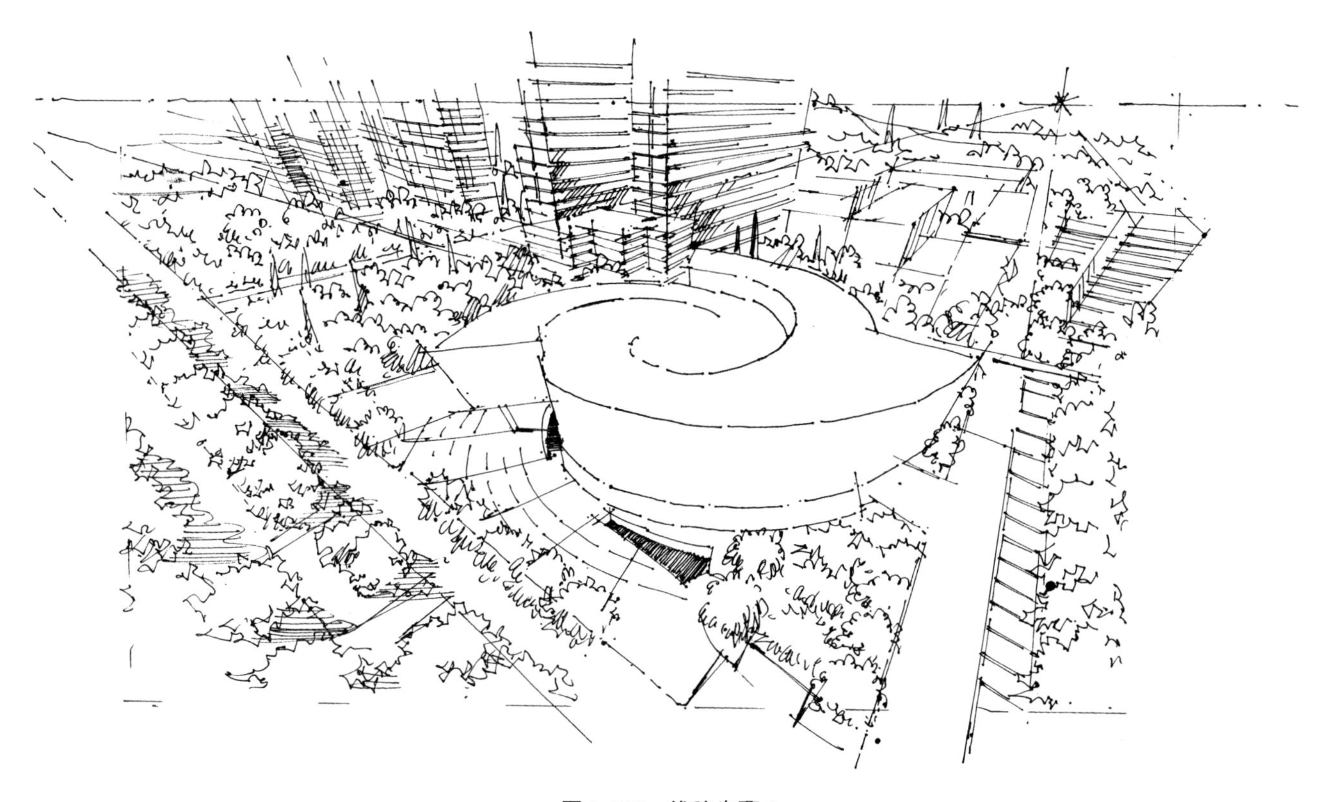

图 3-133　线稿步骤 3

步骤 4：建筑主体处加入投影关系。（图 3-134）

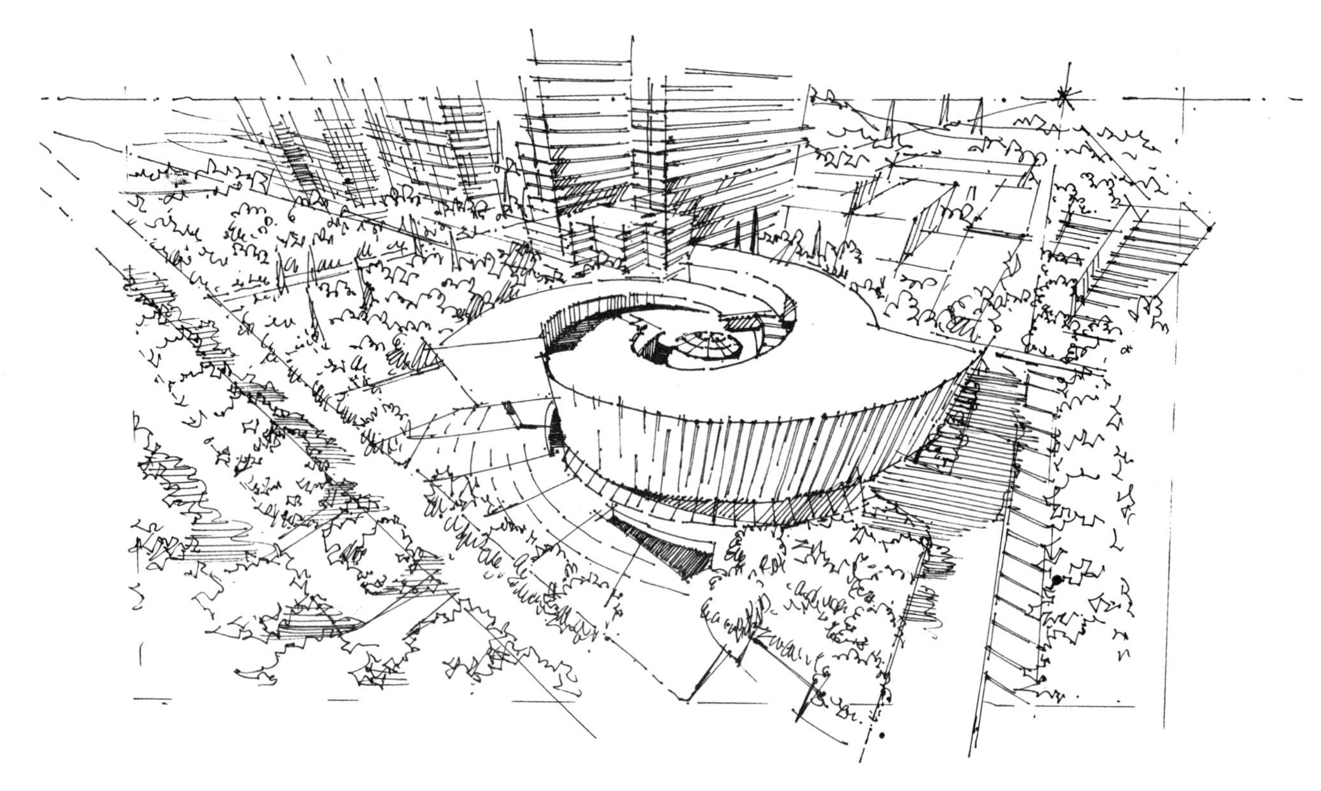

图 3-134 线稿步骤 4

步骤 5：收尾阶段，把握整体画面的黑、白、灰之间的对比关系，完成线稿。（图 3-135）

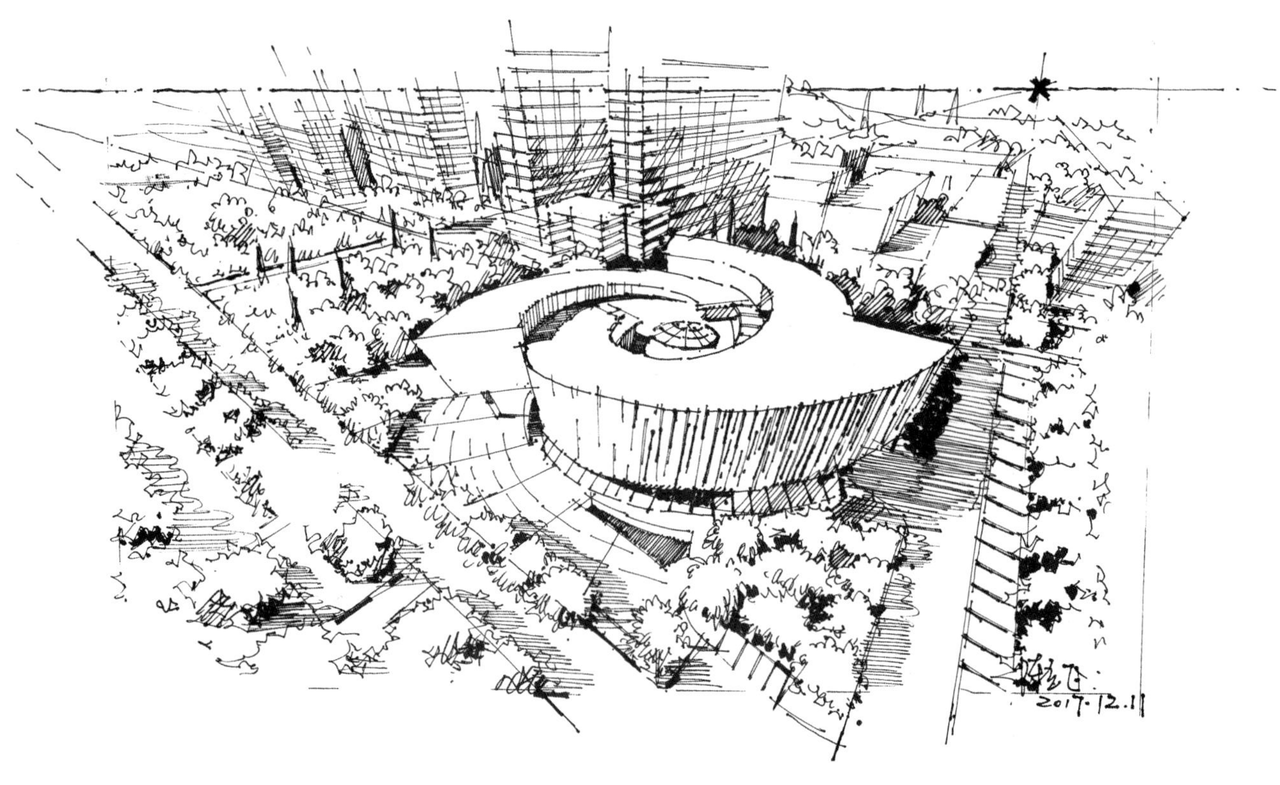

图 3-135 线稿步骤 5

3. 色调训练方案一步骤分析

步骤 1：用灰色马克笔把路面以及树木的基本明暗关系表现出来。（图 3-136）

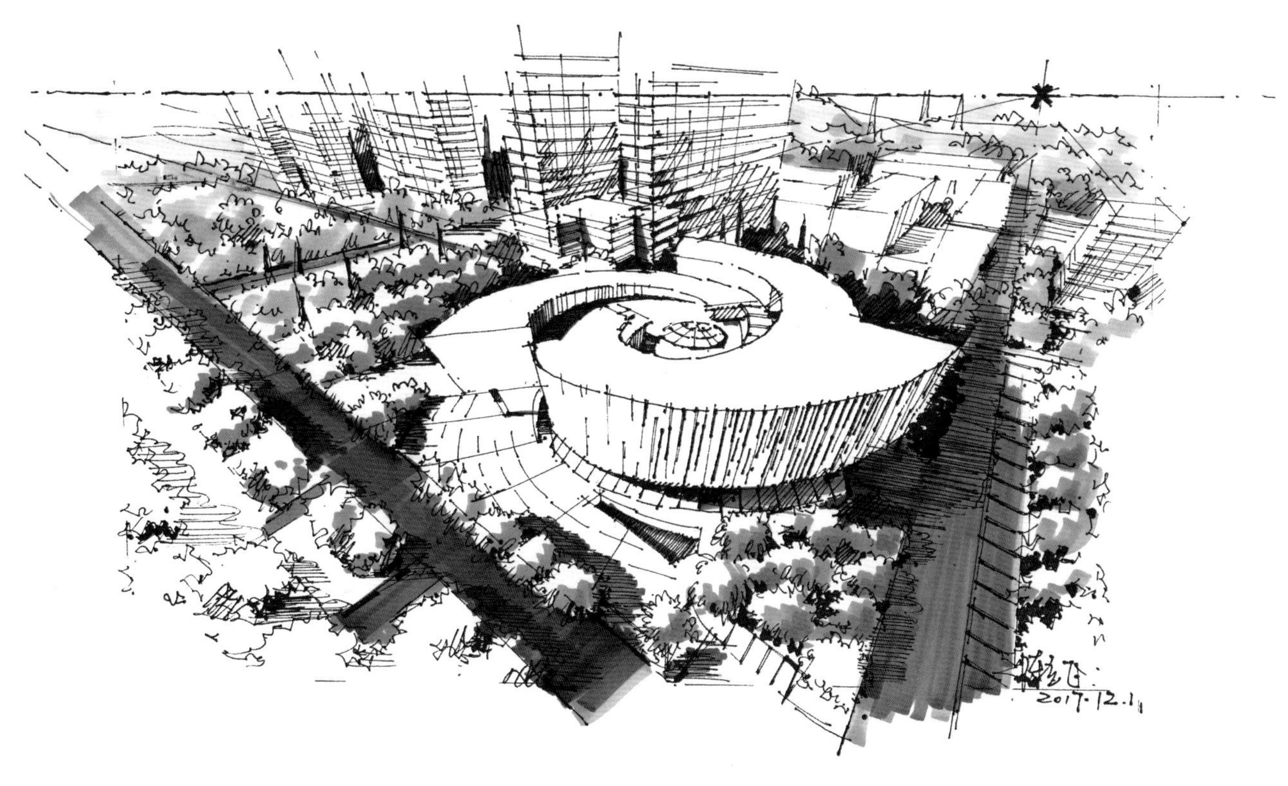

图 3-136　上色方案一步骤 1

步骤 2：表现树木的色彩倾向。（图 3-137）

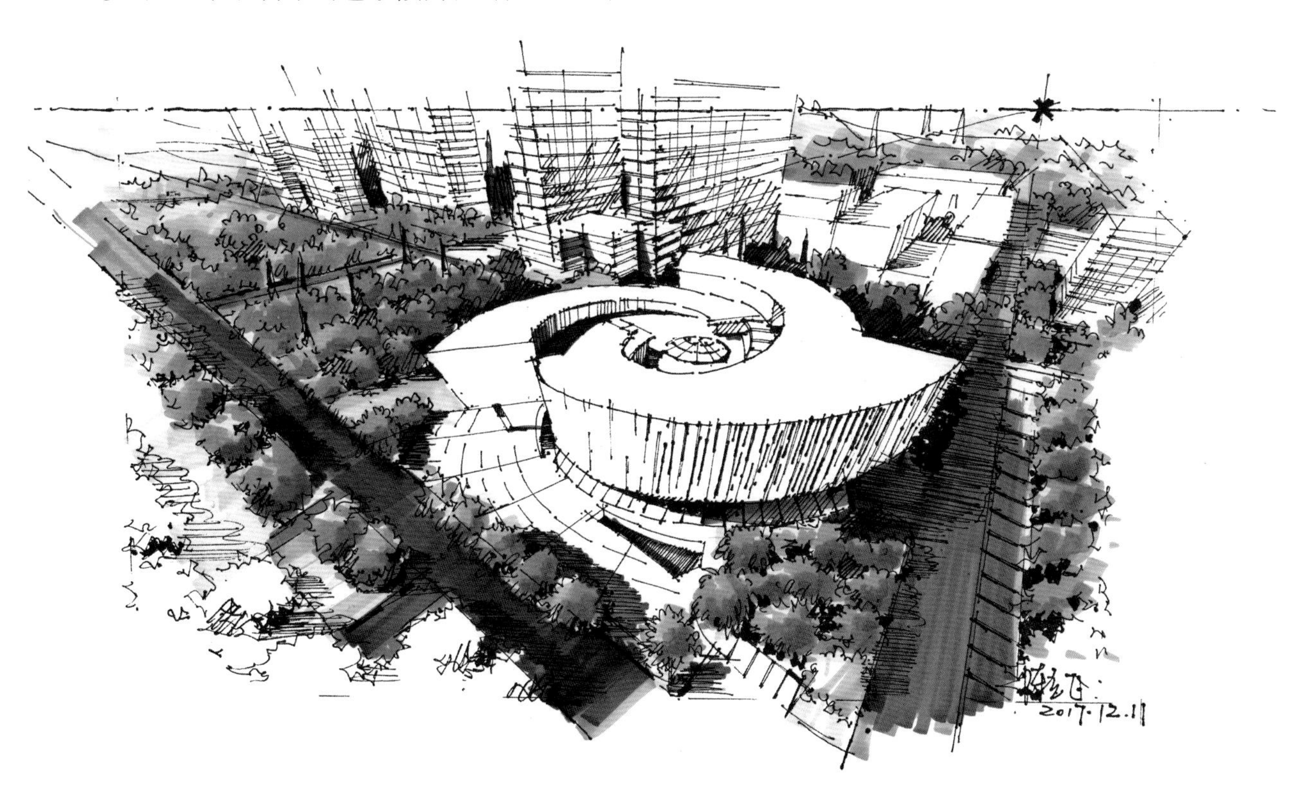

图 3-137　上色方案一步骤 2

步骤 3：添加建筑物的固有材质的色彩。（图 3-138）

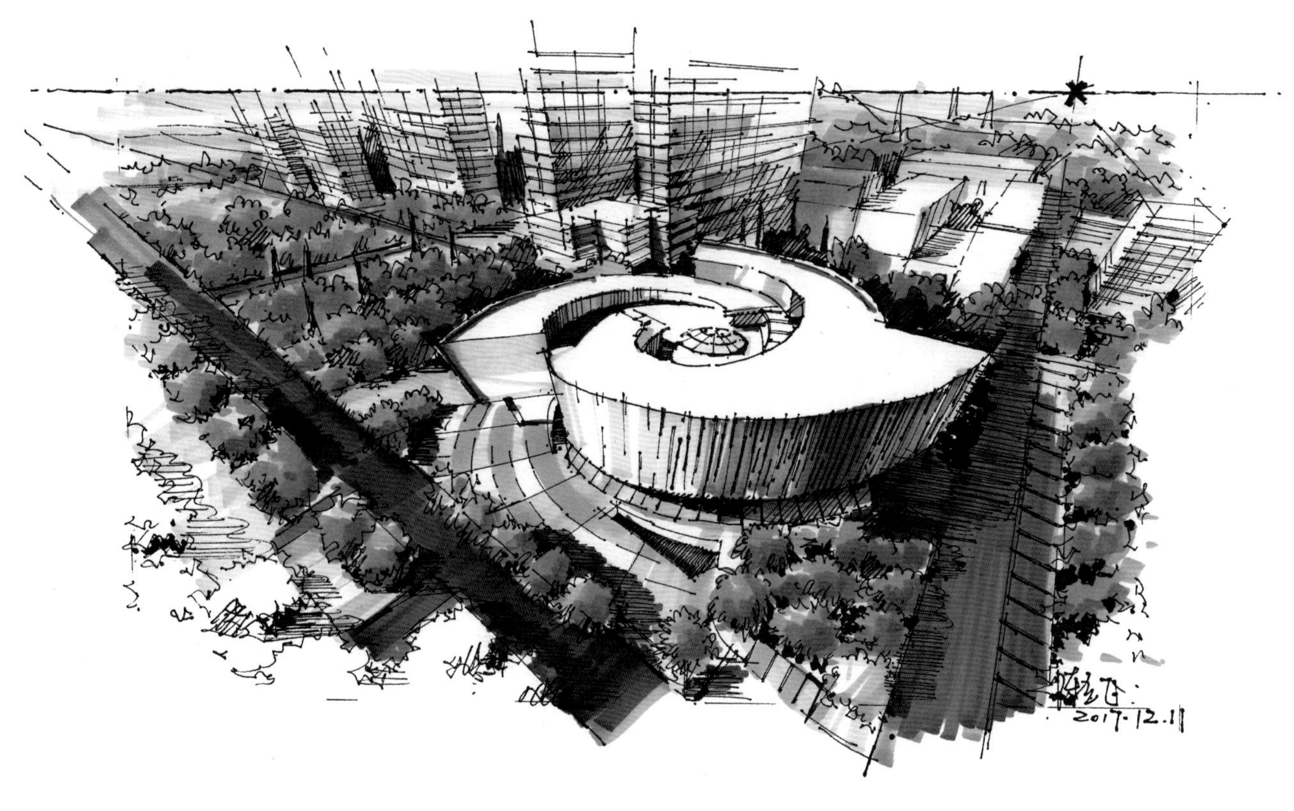

图 3-138　上色方案一步骤 3

步骤 4：添加画面中的冷暖色，形成对比关系。进一步调整整体的明暗关系，完成。（图 3-139）

图 3-139　上色方案一步骤 4

4. 色调的训练方案二步骤分析

步骤 1：用轻快的马克笔笔触，表现画面的植物色彩。（图 3-140）

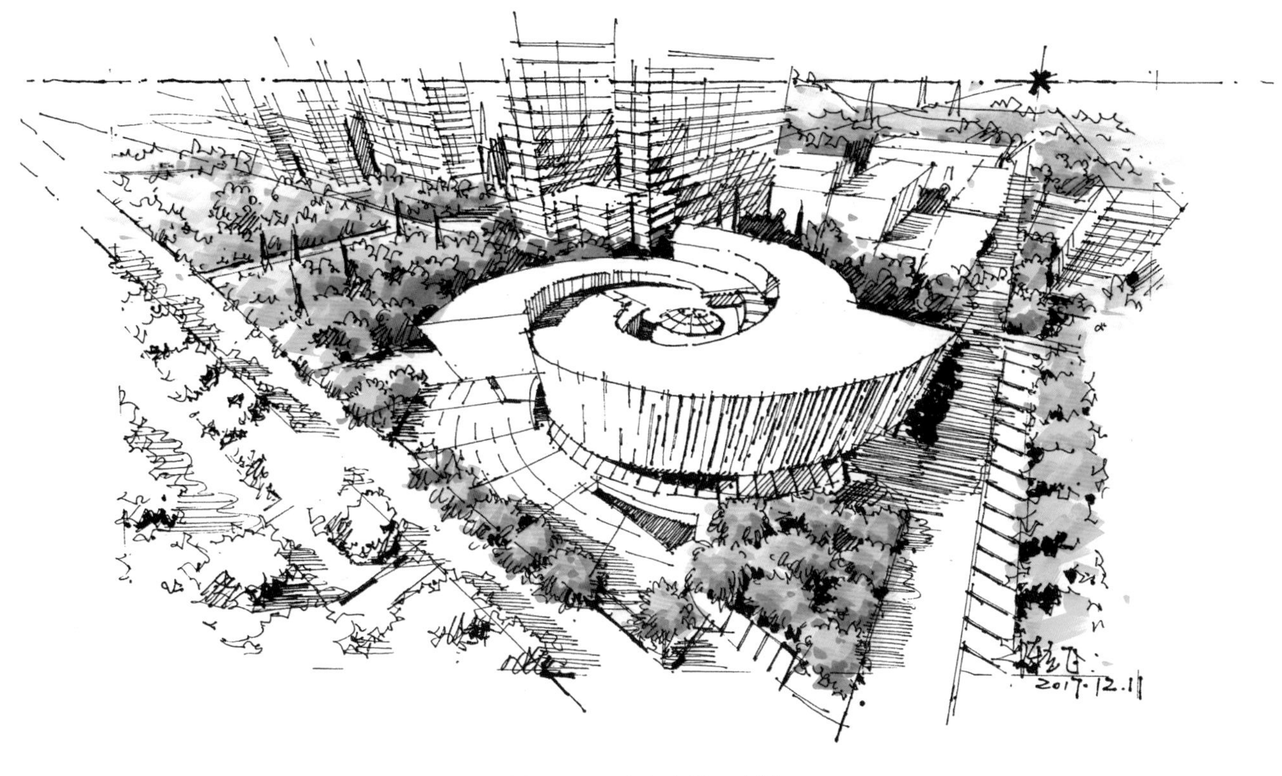

图 3-140　上色方案二步骤 1

步骤 2：调节画面中植物之间前暖色、后冷色的关系。（图 3-141）

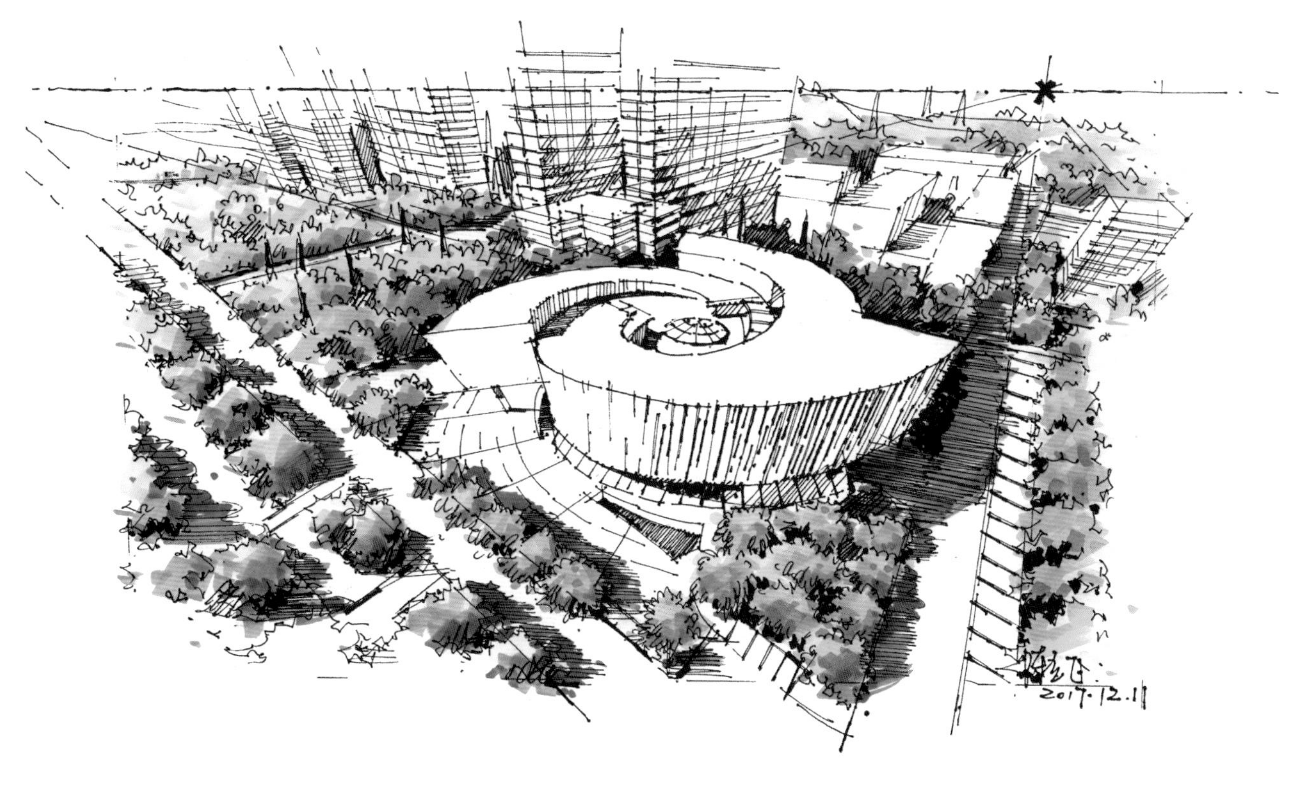

图 3-141　上色方案二步骤 2

步骤 3：给远景建筑物加入灰色和固有颜色，同时加入物体的投影关系。（图 3-142）

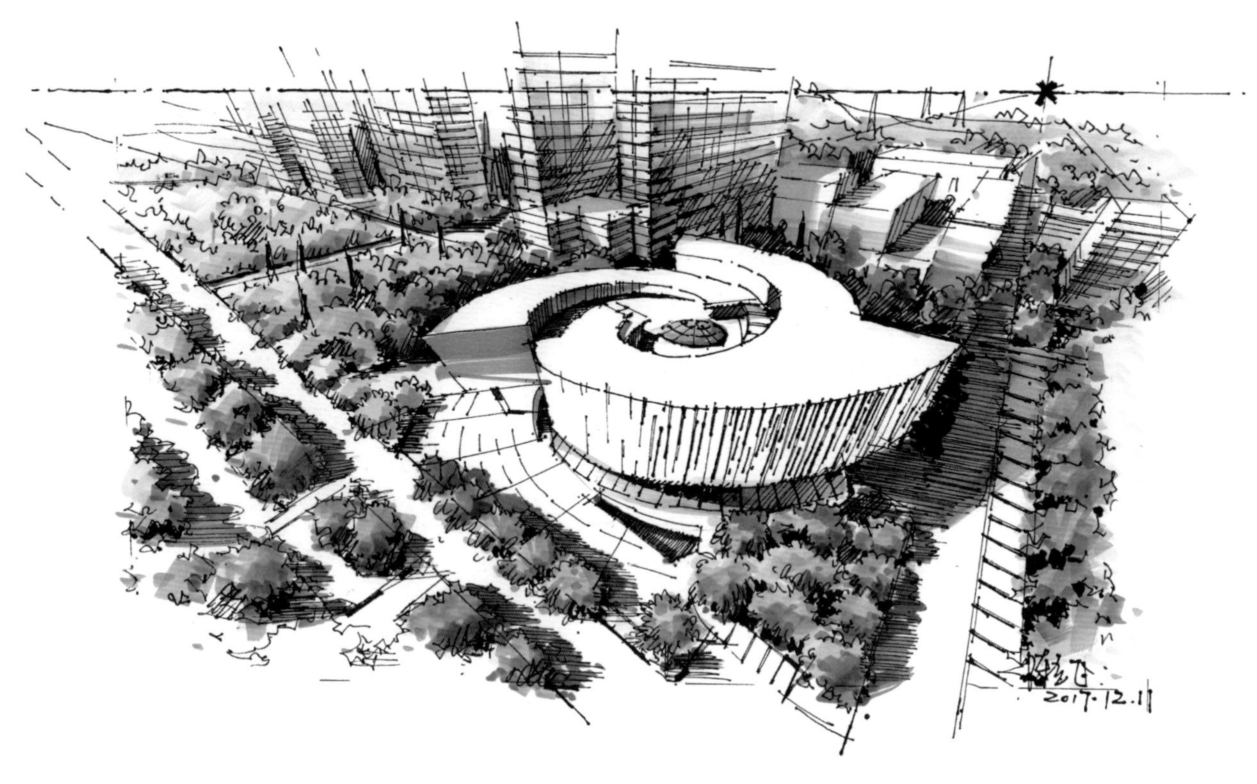

图 3-142　上色方案二步骤 3

步骤 4：最后加入主体建筑物的固有颜色，整体上色完毕，刻画画面局部。（图 3-143）

图 3-143　上色方案二步骤 4

丨看一下局部的色彩处理丨

丨木材质的处理丨

在处理木材质的时候，首先要考虑它的单色渐变关系，由于它本身是圆弧形的，要刻画出反光、明暗交界线，然后再添加它的固有颜色即可。

丨近景植物的处理丨

近景的植物要刻画出较强的立体感需要，色彩当中要加入一些偏黄的颜色，使整体色彩偏暖，与远景的植物形成空间对比。

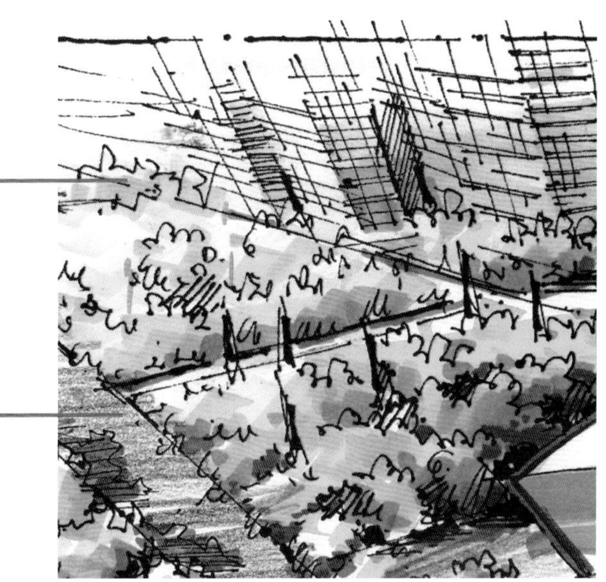

丨远景植物的处理丨

简化处理，加入一些蓝色使它的空间感更强。

丨路面的处理丨

图中运用黑色的彩铅排笔的方式去刻画，与植物形成对比。

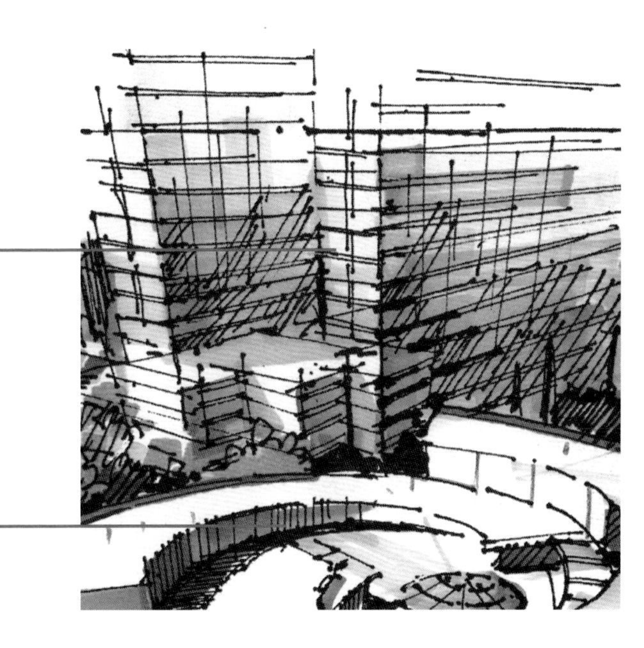

丨远景建筑的处理丨

很多初学者在处理远景建筑的时候，也是跟主体建筑一样处理得那么精彩，其实应该把远景建筑的对比变弱，暗部和亮部不要拉得太大。

丨细节的处理丨

无论是大的建筑体块还是小的体块，都要画投影，一定考虑好投影与暗部的一些关系。

3.4.2.4 其他训练作品欣赏（图 3-144、图 3-145）

线稿

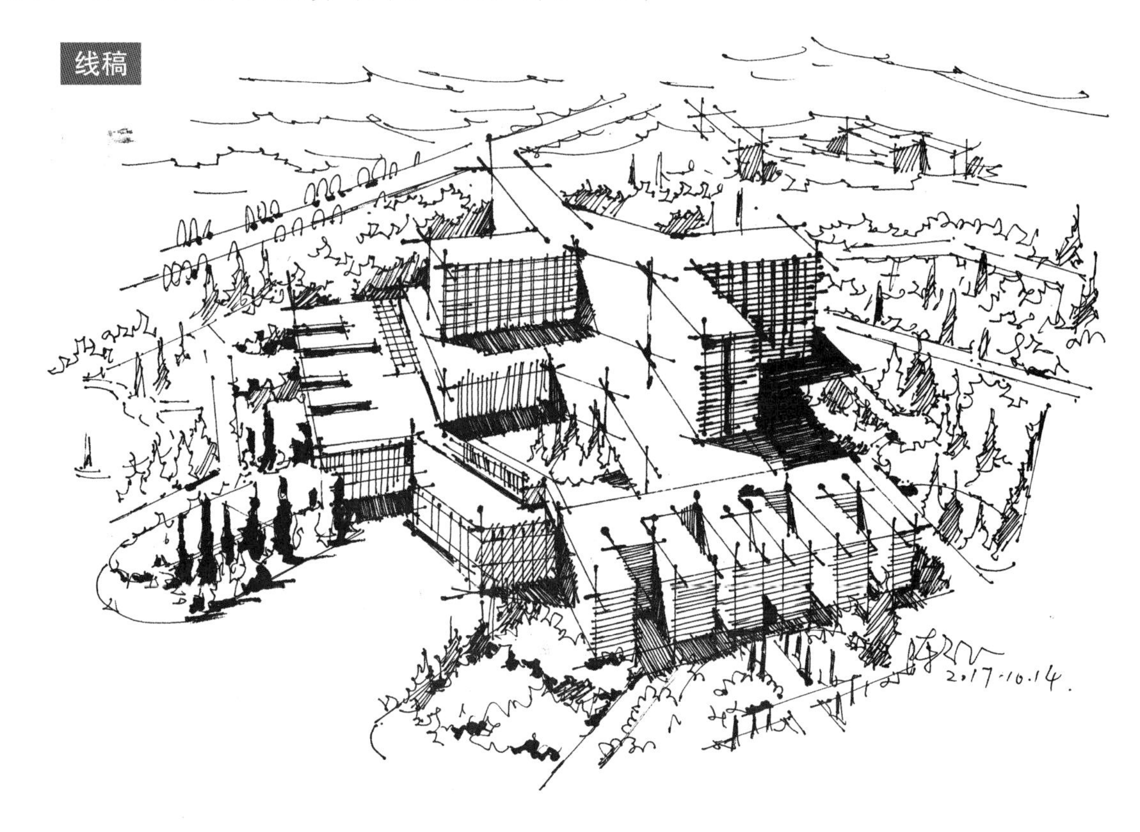

上色方案一

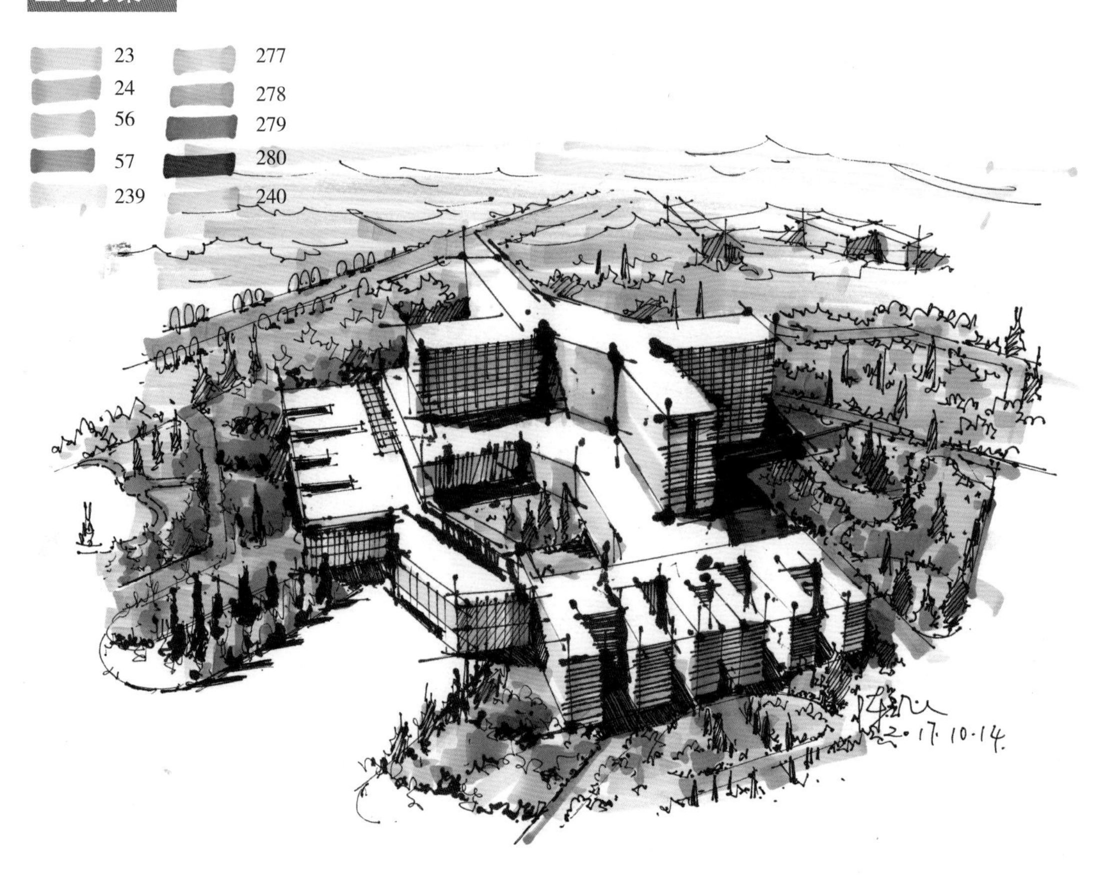

上色方案二

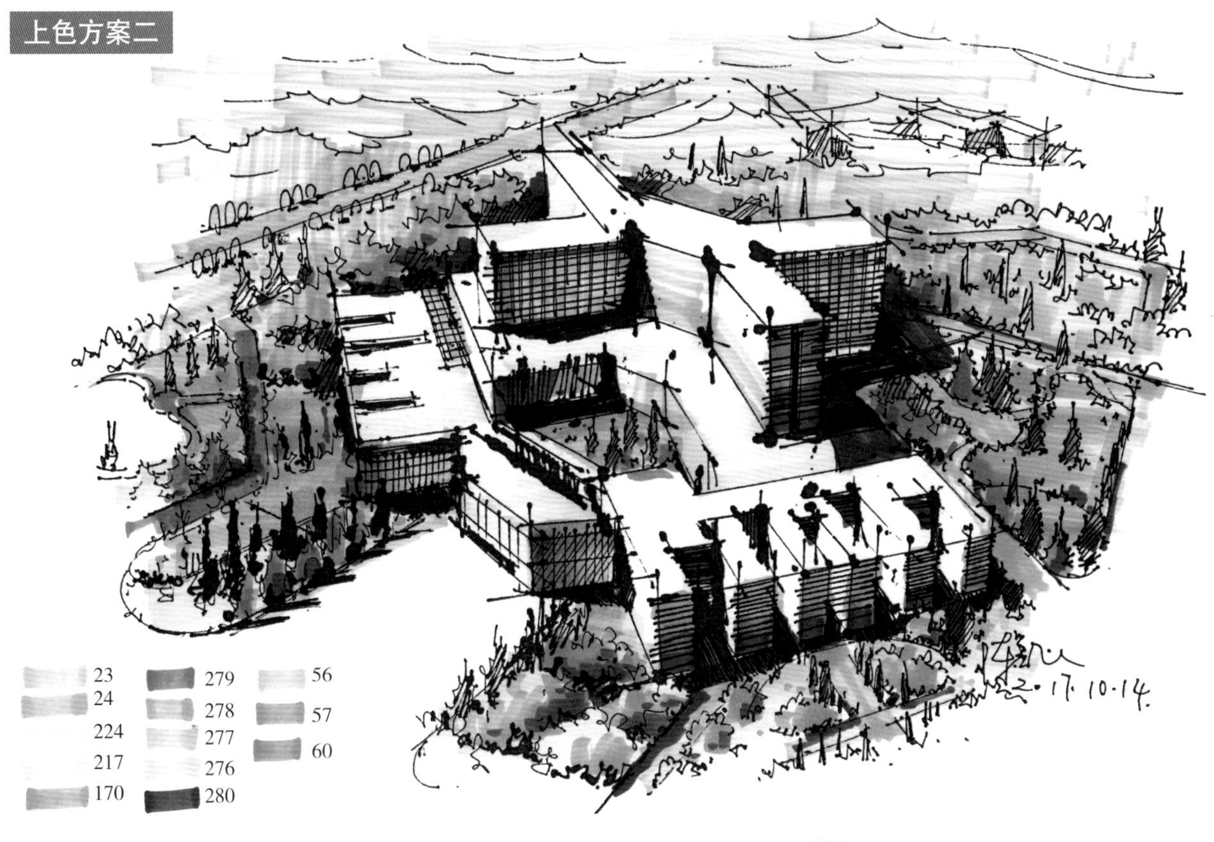

图 3-144　建筑空间色调训练赏析（一）

线稿

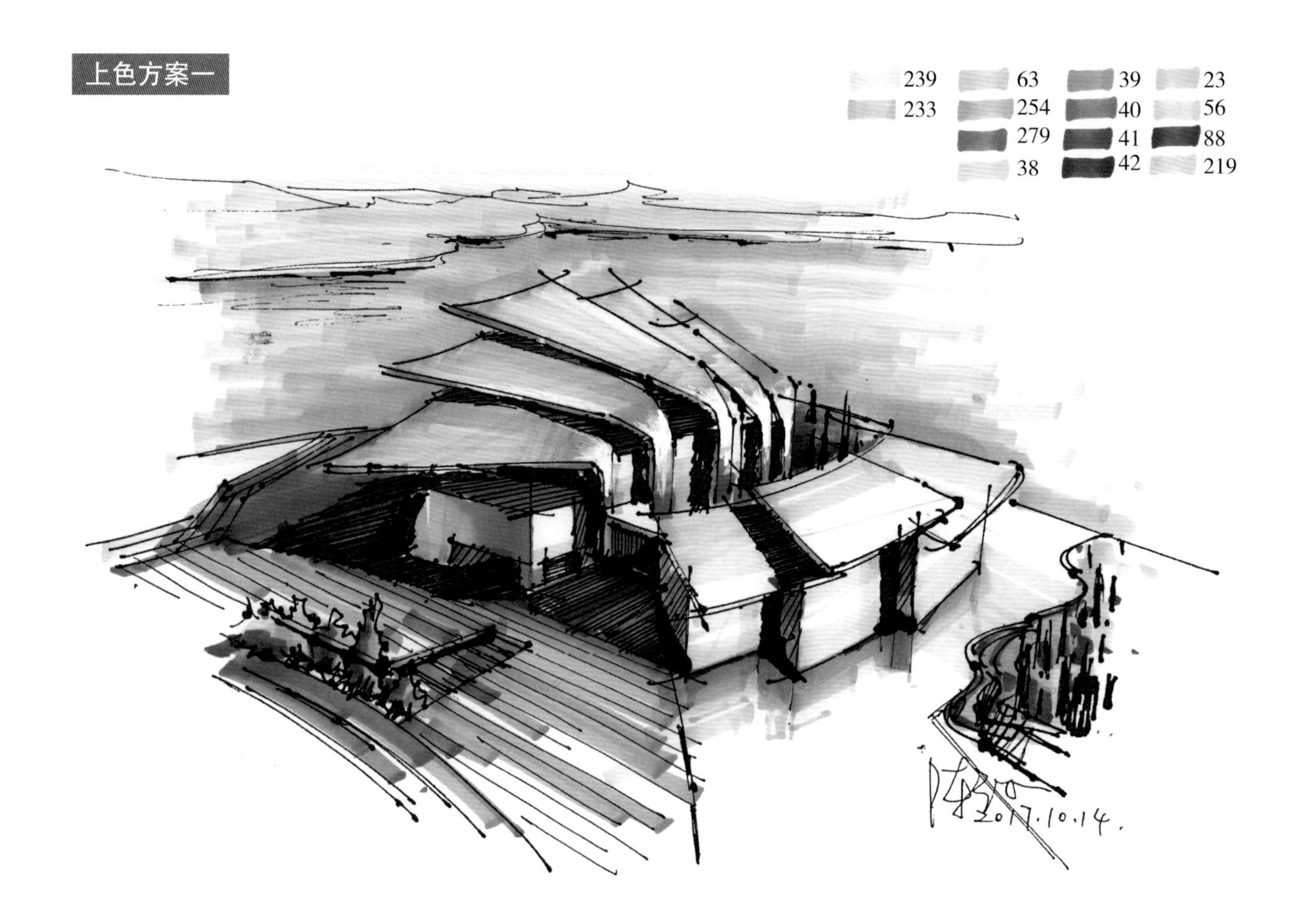

图 3-145 建筑空间色调训练赏析（二）

3.4.3　各种色调作品赏析

1. 红色调作品（图 3-146~ 图 3-150）

图 3-146　红色调作品（一）

图 3-147　红色调作品（二）

图 3-148　红色调作品（三）

图 3-149　红色调作品（四）

图 3-150　红色调作品（五）

2. 黄色调作品（图 3-151~ 图 3-156）

图 3-151　黄色调作品（一）

图 3-152　黄色调作品（二）

图 3-153　黄色调作品（三）

图 3-154　黄色调作品（四）

图 3-155　黄色调作品（五）

图 3-156　黄色调作品（六）

3. 蓝紫色调作品（图 3-157~ 图 3-161）

图 3-157　蓝紫色调作品（一）

图 3-158　蓝紫色调作品（二）

图 3-159　蓝紫色调作品（三）

图 3-160　蓝紫色调作品（四）

图 3-161　蓝紫色调作品（五）

Hand-drawn sketches of ancient buildings

第 4 章　建筑手绘进阶篇——古建筑写生

作为建筑专业的学生，其中一门必修课就是写生课，这也是提高建筑专业学生专业修养的好方式。通过写生积累更多的绘图经验，提高表现技法，使今后的建筑画创作更注重表现建筑的形式美、结构美、材料美以及建筑与环境的依从关系。通过写生，还可搜集大量的素材，积累丰富的形象符号，同时也是画者对所画建筑的观察和感受的积累。写生的要点是画面要求结构严谨、比例协调、透视准确、虚实相间。

中国古建筑从北部的四合院到南部的竹棚，从拥有精致屋顶的宫殿到山水相依的私家园林，具有丰富的特点和独特的风格。同时由于其建筑结构的复杂，环境的多样，也极具绘画难度，需要一定的手绘基础才能更好地把握。

4.1 古建筑写生手绘步骤详解

4.1.1 范例一

步骤 1：根据一点透视原理，画好建筑线稿，注意构图。（图 4-1）

图 4-1 步骤 1

步骤 2：用冷灰色马克笔和蓝紫色马克笔刻画前景的人物与车辆。（图 4-2）

图 4-2　步骤 2

步骤 3：根据光影的原理，用冷灰色把左边的墙体和树木都压上灰色。（图 4-3）

图 4-3　步骤 3

步骤 4：刻画建筑墙体的光影关系，将投影暗下去，最后调整画面的对比度和细节，完成画面。（图 4-4）

图 4-4　步骤 4 完成稿

4.1.2　范例二

步骤 1：先用慢直线把建筑屋顶以及建筑形体概括出来。（图 4-5）

图 4-5　步骤 1

步骤 2：细化墙体上的物件并刻画建筑肌理。（图 4-6）

图 4-6　步骤 2

步骤 3：概括远景的建筑物，切勿画得太过于深入。（图 4-7）

图 4-7　步骤 3

步骤 4：完善右边的建筑物以及地面，最后调整画面对比度，完成线稿。（图 4-8）

图 4-8　步骤 4

步骤 5：用中灰色系的马克笔把建筑物的暗部以及投影表现出来。（图 4-9）

图 4-9　步骤 5

图 4-10　步骤 6

步骤 6：用暖灰色系马克笔去画木材质并用冷灰色系马克笔概括墙体的暗部。（图 4-10）

步骤 7：最后调整画面的亮度、对比度以及色彩的协调性，完成画面。（图 4-11）

图 4-11　步骤 7 完成稿

4.1.3 范例三

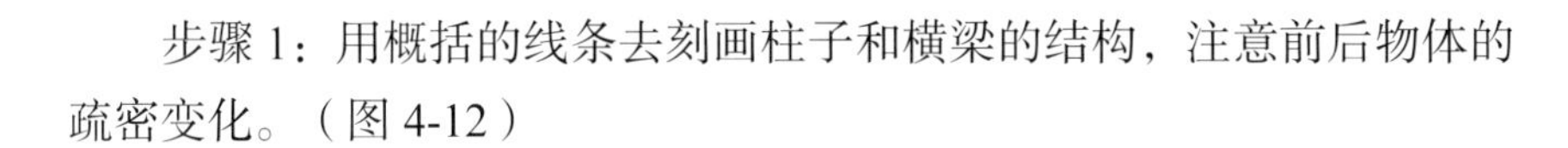

步骤 1：用概括的线条去刻画柱子和横梁的结构，注意前后物体的疏密变化。（图 4-12）

图 4-12 步骤 1

步骤 2：确定屋顶的位置以及柱子的空间关系。（图 4-13）

图 4-13 步骤 2

步骤 3：丰富建筑周围的硬材质结构，通过排线的方式刻画出光影效果。（图 4-14）

图 4-14　步骤 3

步骤 4：深入刻画画面的细节以及光影关系。（图 4-15）

图 4-15　步骤 4

步骤 5：最后调整阶段，刻画细节和肌理感，完整线稿。（图 4-16）

图 4-16　步骤 5

步骤 6：用中灰色系的马克笔对建筑的屋顶以及内部结构平铺一层，注意里面比较暗，形成空间推移关系。（图 4-17）

图 4-17　步骤 6

步骤 7：用暖灰色和冷灰色系的马克笔把柱子横梁的固有颜色画出来。（图 4-18）

图 4-18　步骤 7

步骤 8：最后调整画面的亮度和对比度，通过刻画颜色的光影效果，完成最终效果。（图 4-19）

图 4-19　步骤 8 完成稿

4.2 古建筑写生作品欣赏（图 4-20~ 图 4-34）

图 4-20　古建筑写生作品欣赏（一）

图 4-21　古建筑写生作品欣赏（二）

图 4-22　古建筑写生作品欣赏（三）

图 4-23　古建筑写生作品欣赏（四）

图 4-24　古建筑写生作品欣赏（五）

图 4-25　古建筑写生作品欣赏（六）

图 4-26　古建筑写生作品欣赏（七）

图 4-27　古建筑写生作品欣赏（八）

徽州

图 4-28　古建筑写生作品欣赏（九）

图 4-29　古建筑写生作品欣赏（十）

图 4-30　古建筑写生作品欣赏（十一）

图 4-31　古建筑写生作品欣赏（十二）

图 4-32　古建筑写生作品欣赏（十三）

图 4-33　古建筑写生作品欣赏（十四）

图 4-34　古建筑写生作品欣赏（十五）

Appreciation of Chen Lifei's Architectural Hand Paintings

第 5 章 陈立飞建筑手绘作品欣赏篇

华南农业大学 行政楼

1. 广州大学校园建筑风景手绘作品欣赏（图 5-1~ 图 5-6）

图 5-1　广州大学校园建筑风景手绘作品欣赏（一）

图 5-2　广州大学校园建筑风景手绘作品欣赏（二）

图 5-3　广州大学校园建筑风景手绘作品欣赏（三）

图 5-4　广州大学校园建筑风景手绘作品欣赏（四）

图 5-5　广州大学校园建筑风景手绘作品欣赏（五）

图 5-6　广州大学校园建筑风景手绘作品欣赏（六）

2. 深圳大学校园建筑风景手绘作品欣赏（图 5-7~ 图 5-10）

图 5-7　深圳大学校园建筑风景手绘作品欣赏（一）

图 5-8　深圳大学校园建筑风景手绘作品欣赏（二）

图 5-9　深圳大学校园建筑风景手绘作品欣赏（三）

图 5-10　深圳大学校园建筑风景手绘作品欣赏（四）

3. 东莞理工城市学院校园建筑风景手绘作品欣赏（图 5-11~ 图 5-15）

图 5-11　东莞理工城市学院校园建筑风景手绘作品欣赏（一）

图 5-12　东莞理工城市学院校园建筑风景手绘作品欣赏（二）

图 5-13　东莞理工城市学院校园建筑风景手绘作品欣赏（三）

图 5-14　东莞理工城市学院校园建筑风景手绘作品欣赏（四）

图 5-15　东莞理工城市学院校园建筑风景手绘作品欣赏（五）

4. 华南农业大学校园建筑风景手绘作品欣赏（图 5-16~ 图 5-21）

图 5-16　华南农业大学校园建筑风景手绘作品欣赏（一）

图 5-17　华南农业大学校园建筑风景手绘作品欣赏（二）

图 5-18　华南农业大学校园建筑风景手绘作品欣赏（三）

图 5-19 华南农业大学校园建筑风景手绘作品欣赏（四）

图 5-20 华南农业大学校园建筑风景手绘作品欣赏（五）

图 5-21　华南农业大学校园建筑风景手绘作品欣赏（六）

5. 广东海洋大学校园建筑风景手绘作品欣赏（图 5-22~ 图 5-24）

图 5-22　广东海洋大学校园建筑风景手绘作品欣赏（一）

图 5-23　广东海洋大学校园建筑风景手绘作品欣赏（二）

图 5-24　广东海洋大学校园建筑风景手绘作品欣赏（三）

6. 嘉应学院校园建筑风景手绘作品欣赏（图 5-25~ 图 5-28）

图 5-25　嘉应学院校园建筑风景手绘作品欣赏（一）

图 5-26　嘉应学院校园建筑风景手绘作品欣赏（二）

图 5-27　嘉应学院校园建筑风景手绘作品欣赏（三）

图 5-28　嘉应学院校园建筑风景手绘作品欣赏（四）

7. 肇庆学院校园建筑风景手绘作品欣赏（图 5-29、图 5-30）

图 5-29　肇庆学院校园建筑风景手绘作品欣赏（一）

图 5-30　肇庆学院校园建筑风景手绘作品欣赏（二）

8. 其他作品欣赏（图 5-31~图 5-35）

图 5-31　其他作品欣赏（一）

图 5-32　其他作品欣赏（二）

图 5-33　其他作品欣赏（三）

图 5-34　其他作品欣赏（四）

图 5-35　其他作品欣赏（五）

附录　本书马克笔（法卡勒）色号

0号系列：（1支）			黄色系列：（2支）					
0			1	224				
青色、绿色、蓝色系列：（28支）								
墨绿色	100	56（3支）	57	58	59（3支）	60		
青绿色	83	230	232	51	233			
蓝紫色	109	239（3支）	240（3支）	242				
草绿色	23（3支）	24	26					
木色系列：（7支）								
红木色	217	218	219	220				
黄木色	168	170	171					
灰色系列（62支）								
红暖灰	38	39	40	41	42			
中暖灰	251	252（3支）	253（3支）	254（3支）	255	256	257	
黄灰色	261（3支）	262（3支）	263（3支）	264	265	266		
冷灰色	269（2支）	270（2支）	271（2支）	272	273	274		
中灰色	276（3支）	277（3支）	278（3支）	279（3支）	280	281		
灰绿色	63	64	65	66	67			
蓝灰色	85	86	87	88